婦產科醫生
跟妳聊懷孕

懷孕期間的
必|備|寶|典

婦產科醫生跟妳聊懷孕
懷孕期間的必備寶典

作　　者　田吉順

發 行 人　程顯灝
總 編 輯　呂增娣
主　　編　李瓊絲、鍾若琦
資深編輯　程郁庭
特約編輯　李臻慧
編　　輯　許雅眉、鄭婷尹
編輯助理　陳思穎
美術總監　潘大智
資深美編　劉旻旻
內文編排　李怡君
美術編輯　游騰緯
行銷企劃　謝儀方、吳孟蓉

發 行 部　侯莉莉
財 務 部　許麗娟
印　　務　許丁財

出 版 者　四塊玉文創有限公司
總 代 理　三友圖書有限公司
地　　址　106 台北市安和路 2 段 213 號 4 樓
電　　話　(02) 2377-4155
傳　　真　(02) 2377-4355
E ─ mail　service@sanyau.com.tw
郵政劃撥　05844889 三友圖書有限公司

總 經 銷　大和書報圖書股份有限公司
地　　址　新北市新莊區五工五路 2 號

電　　話　(02) 8990-2588
傳　　真　(02) 2299-7900

製　　版　興旺彩色印刷製版有限公司
印　　刷　鴻海科技印刷股份有限公司

初　　版　2015 年 7 月
定　　價　新臺幣 290 元
Ｉ Ｓ Ｂ Ｎ　978-986-5661-40-3(平裝)

http://www.ju-zi.com.tw
三友圖書
友直 友諒 友多聞

國家圖書館出版品預行編目 (CIP) 資料

婦產科醫生跟妳聊懷孕：懷孕期間的必備寶典
/ 田吉順作 .-- 初版 .-- 臺北市：四塊玉文創，
2015.07　　面；　公分
ISBN 978-986-5661-40-3(平裝)

1.懷孕 2.妊娠 3.婦女健康

429.12　　　　　　　　　　　　104011062

目 錄

痛得死去活來可能也只是第一產程

那風情萬種的一次大便

好鋼用在刀刃上，力氣用在肛門口

估計胎兒體重也有不少學問

必須要炫耀一下我的榮耀時刻

|序|
在婦產科裡的那些趣事

「金眼科，銀外科，累死累活婦產科，膩膩歪歪大內科，死都不去急診科。」
這是醫學生們選科時的指導口訣。婦產科的累是名聲在外的，尤其是產科，
一個患者關乎兩條生命，背後更是一大家子人的悲歡。所以，在產房門口，
永遠有那麼多人，即使是大年夜，其他科室的病房基本上都空空蕩蕩的了，
但產房門口照樣燈火通明，甚至比急診室還要熱鬧。就是這麼一個一年 365
天保持相同的繁忙節奏的科室，怎麼會少了新鮮事兒呢！

曾經有個實習醫生，在跟完一台前置胎盤大出血的手術之後感歎：「實在是
太刺激了！從沒見過這樣出血的，就像是有人拿著臉盆從裡面往外潑一樣，
嘩——嘩——一盆接一盆地潑。我當時就想，什麼人的血能經得起這麼個出
法？關鍵是最後竟然還給救回來了，太不可思議了！」

有次下夜班回到家裡，沖了個澡就倒頭睡了，一直睡到天快黑了才醒。一睜
眼就看見老婆拎著我換下來的內褲問：「你這內褲上怎麼還有血啊？難道痔
瘡長到前邊了？」 我當時還有點兒迷糊，使勁兒回憶了一下說：「如果我說
這是昨天晚上那個前置胎盤手術患者的血，你信嗎？反正，我是信了。」

當然，作為一個婦產科醫生，我還「有幸」品嘗過一些非常稀有的味道。有
一次在指導一個子宮頸口開全的產婦用腹壓時，一陣強烈的宮縮到來，產婦
一下子找到了感覺，猛然發力，羊膜腔受到巨大的壓力衝擊，胎膜突然破裂，
一股羊水就像噴泉一樣噴了出來。雖然相隔距離不近，但我還是感到有水噴

進了我的嘴裡——在離開子宮三十多年之後，我竟然又嘗了一回羊水的味道：鹹的！好像有點兒太血腥、太重口了。可是，如果沒有了血跡，那還叫婦產科嗎？

婦產科是女醫生比較多的科室，也是女漢子比較集中的地方，至少以婦產科女醫生們的霸氣程度，如果到了水泊梁山，肯定能找到屬於自己的一把交椅。不過，女人畢竟是女人，就算是女漢子也少不了女人的一些特質，比方說八卦。可以說，婦產科同事間的相互關懷，其細緻入微的程度，是其他科室難以比擬的。

「聽說檢測卵泡排卵了？昨天晚上一定很辛苦吧！你看看，眼袋都出來了。」
「上次你說你老婆月經又來了，這麼算起來這兩天到排卵期了吧，留點兒勁兒回家使去吧，手術我去替你做了！」

這般的革命友情，這種體貼入微的問候，其他科室就算想表達，也瞭解不到這麼深入吧！不僅如此，女醫生也要生孩子啊，所以誰誰幫某某壓過肚子，誰誰給某某開的刀，這種感情，可不是一般閨密能比得了的。當然了，還有一種情況，就是婦產科男醫生的老婆生孩子。可別以為關係越近做什麼事就越方便，生孩子這事兒，可不是簡簡單單看個小病，方方面面需要顧及的太多了，關係越近，想得越多，壓力越大。我曾經給大學同學的老婆拉過產鉗，那可不單單是一個產鉗操作的壓力，真要是大人孩子有個什麼損傷，以後同學會我都沒臉參加了。這還不是自己的老婆，接生的還不是自己的孩子。

我老婆的剖腹產我是上台的，不過怎麼也沒有勇氣做主刀，所以就只是做了助手。本來開刀的每個步驟，應該像條件反射一樣很順手就做下來了，就好像你騎自行車，根本不用時刻提醒自己下一步該怎麼控制車把，該怎麼蹬腳踏板，腦子裡不用刻意去想這件事，自然而然地就在一步步做了。但是，就

是在這台手術時，我發現腦袋好像被放空了，忘了自己該做什麼，必須時刻提醒自己下一個步驟要怎麼做，再下一個步驟要怎麼做。寶寶出來之後，我竟然忘了下一步要幹什麼，就下意識地拿起血管鉗去夾臍帶了，而不是做一個助手應該做的——處理子宮。

現在回想起來，當時真的是糗到家了！ 婦產科的工作是累並快樂著的，但是，也有讓我們醫生無語的時候。比方說，醫生有一個最害怕的族群，就是「她們」。「她們」這個族群，可能是七大姑八大姨，可能是網友、閨密，甚至可能是商場銷售員，反正就不是專業的「醫生」。

「醫生，她們說七活八不活，我們寶寶剛剛八個月，可千萬不能生出來啊！」
「醫生，她們說我的寶寶頭太大了，肯定生不出來啊！」
「醫生，她們說打了麻藥人會變笨，記憶力會下降啊！」

我感覺「她們」這群人，就像神祕的黑衣人，躲在一個隱蔽的角落，不斷地向準媽媽們散布著一些不可信的說法；而且還一定是使用了什麼魔法，使準媽媽們對這些說法深信不疑，甚至連專業醫生的勸告都聽不進去。我曾經和約稿的編輯說起這事，編輯笑著說：「看來你對準媽媽們的想法還是不夠瞭解啊！其實準媽媽們也沒有什麼很高的要求，就是喜歡看些別人的故事，瞭解一些別人的經歷，想從中吸取些對自己有幫助的經驗。你們醫生平時說話太專業了，理解起來太費腦子，可能琢磨了半天，還不一定能聽懂到底在說些什麼，還是「她們」的話更容易接受一些。不過，與其讓準媽媽們聽別人以訛傳訛，不如你們專業醫生來試著做一下「她們」這個角色，用準媽媽們可以接受的方式，介紹一些真正可靠的經驗。」

好！各位朋友，現在我就是「她們」！

第一章

做好當媽媽
的準備

我們常說，「羅馬不是一天造成的」，懷孕生孩子也是一樣的道理。並不是與男人結了婚，自然而然地就生出孩子來了。世上哪有那麼多「自然而然」啊！生孩子可不是扮家家酒，不做好充分的生理上和心理上的準備，這個「母親」可不是那麼容易當的。所以，本書的第一章不講懷孕也不講分娩，而是講如何把當「母親」的準備工作做好。

01
月經對懷孕很重要

子宮和卵巢，是上天賜給人類的禮物，是來幫助人類繁衍生息的。而女性，正是這一偉大禮物的承載者，憑藉這兩樣禮物，女性有幸體驗作為母親的幸福與偉大。不過，要想懷孕，僅僅擁有這兩樣禮物是遠遠不夠的，我們還需要知道它們是不是真的可以勝任這項偉大的使命。月經，就在為你傳遞著它們的資訊。

● 從一個流傳很久的故事說起

話說街頭混混械鬥，一哥們兒被弄傷了，被迫撤離戰場。雖然滿臉是血，但還是火爆十足，揚言還要繼續下一場。旁邊好心的小姐妹見狀，靈光一閃，從包中掏出一片衛生棉，一把按在這哥們兒頭上的傷口處，趕緊往醫院送。到了醫院，那哥們兒已經臉色發青、嘴唇發紫，醫生對這小姐妹說，你要是再換一片，這哥們兒命就沒啦！

這其實是一個網路流傳甚廣的故事，我猜想編這個故事的人，八成是為衛生棉廠商做策劃的，在他腦子裡，就是把衛生棉當成無敵吸血棉了。下面我們來看一看，一片衛生棉到底能「吸」多少血。 正常女性，每個週期的月經量為 20 ～ 60 毫升，超過 80 毫升就是月經過多了。這個量是什麼概念呢？一瓶養樂多是 100 毫升，一次月經的量，半瓶養樂多的量。這

還是一個週期的量，一般還要分攤到 3 ～ 7 天裡。女性朋友們回想一下自己一個週期要用多少片衛生棉，再把這半瓶養樂多的月經量分攤到這麼多片衛生棉上面，你看看一片衛生棉能「吸」多少血？千萬別被那些衛生棉廣告迷惑，一瓶藍色的水倒在衛生棉上，頃刻間消失──竟然全部被衛生棉吸光了！可要看清楚啊，她拿的那是試管啊，這麼一試管水也就 10 毫升吧，不能再多啦，再多肯定要側漏。所以說，一片衛生棉的「吸」血量其實很小，一般臨床估計出血量，一片衛生棉全部濕透也就 10 ～ 20 毫升。

那哥們兒就用了一片衛生棉，都沒換第二片，最多也就出了 20 毫升血，不到人體總血容量的 1%，不會對身體造成什麼影響。他的臉色發青、嘴唇發紫，我看八成是見血就暈了吧！看到這兒，可能馬上會有女性朋友不高興的：你是個男醫生，在這聊著月經的事，不太有立場吧！

你知道女人月經來的時候有多痛苦嗎？這麼痛苦的經期，怎麼能說是「不會對身體造成什麼影響」呢？沒錯，很多女性在月經期會有各種的不舒服，更有人是痛得死去活來，發誓下輩子再也不做女人了。

但是，經期的痛苦不是流出來的那一點兒經血造成的，那一點兒出血量真的不會對身體產生什麼影響；造成經期痛苦的，是月經來潮這件事情本身。作為男性，雖然沒有體會過月經的感覺，但是，作為一名婦產科醫生，對月經的瞭解卻是工作的基本功夫。所以，就像每個人每天都吃飯喝水，但也不見得對自己的消化系統有足夠的瞭解一樣。各位女性同胞也請聽一聽一個男婦產科醫生為您講述有關月經的那些事兒。

● 愛恨交加的「好朋友」

很多女性把月經稱為「好朋友」，它每個月都會按時來探望你，雖然它來的那幾天，你可能會感到各種的不舒服，但是如果它真的到該來的時間卻還不來，你就要掛念它一下了；要是拖得時間再長一點兒，你恐怕就要擔心起來了。

對這個「好朋友」，它來的時候你滿心的不喜歡，巴不得它趕緊走；但是它要真的早走兩天，你又會覺得心裡不踏實，想再挽留一下。雖然知道它的到來會帶給你種種不快，但是臨近要來的那幾天，你又有著些許的期盼，期盼它如約而至。因為它的到來，似乎從某種程度上是你身體健康的一個證明，以一種痛苦的感受來證明自己的健康，這從生物學上反映出女性是多麼讓人難以捉摸的複雜的矛盾體。

由此推廣開來，就可以幫助男性同胞們理解那些話了，比如，當她說「討厭」時，其實心裡可能是喜歡的；當她說「你走吧」時，其實心裡可能是等你的安慰；當她說「太貴了」時，其實心裡可能是非常喜歡想要買下來，這些也就都不難理解了。

我們再來說月經。作為令人愛恨交加的「好朋友」，它是女性所獨有的生理現象。但是，我從平時的臨床工作中可以感受到，很多女性對於這個「好朋友」的瞭解遠遠不夠，月經，成了女性「最熟悉的陌生人」。因為這位「好朋友」和女性孕產關係密切，所以，本書的開頭就為大家介紹一下這位好朋友。

先說說它的家境身世

月經個人檔案

姓名：月經

別名（外號、曾用名）：大姨媽、例假、好朋友、生理期、那個、倒楣、好事兒、壞事兒

性別：呃，這是女性獨有的生理現象

年齡：初經年齡一般在 11 ～ 15 歲，停經年齡在 44 ～ 54 歲

身高（經期，指月經持續時間）：3 ～ 7 天，平均 4 ～ 6 天

體重（總失血量）：20 ～ 60 毫升

到訪週期（月經週期，指兩次月經第一天之間的間隔時間）：一般為 21 ～ 35 天，平均 28 天

血型：要看你自己是什麼血型了

星座：它是雅典娜，瞭解掌握全部十二星座

性格：內向，自律性強，不善交流，敏感，情緒化，報復心強，且不願遷就別人

愛好：搞惡作劇

職業：地下交通員，負責向你傳遞身體的情報

最害怕的事：懷孕

● 月經來自偏遠的子宮

如果把人體胸腔、腹腔、骨盆腔看作故宮外朝三大殿的話，胸腔內有心、肺這樣的重要臟器，地位類似太和殿，是身體的中心部位；腹腔內有肝臟居住，統籌全身解毒、合成代謝，相當於供皇上閱示奏章的中和殿；骨盆腔在腹腔下方，離太和殿最遠，這就是保和殿了。

保和殿雖位置偏遠，但作用也不容小覷，因為掌管人類生育的子宮就在保和殿裡，而我們的「好朋友」月經，就來自子宮。

從名字就可以看出來，子宮也是一座「宮殿」，它位於骨盆腔保和殿內，屬於宮中之宮，作為人類孕育胎兒的重點單位，理應受到重重保護。這些保護包括以下幾點：

▶ 子宮被骨盆腔內的四對韌帶固定：等於是為這座宮殿圍上了柵欄，以保障它的位置不會隨意變動。尤其當子宮隨著胎兒慢慢變大的時候，不至於被寶寶踢得東倒西歪。

▶ 周圍配套設施齊全：為了使子宮能以最大效率孕育胎兒，在這座宮殿的左右兩側，分別連接了一條細細的長廊，這兩條長廊就是輸卵管。長廊的另一端是一個開口，這可不是普通的開口，這個開口在醫學上被稱為輸卵管傘端，如果用顯微鏡仔細觀察，會發現它上面有很多像手指頭一樣的結構，使得這個開口具有了「抓拾」的功能。而在開口的旁邊就是卵巢，可以定期排出卵細胞供輸卵管傘端「拾卵」，讓人不得不感歎配套設施的精妙！

▶ 宮殿（子宮）建築材料考究：圍牆（子宮壁）不是一層，而是多達三層結構，從外向內依次是：子宮漿膜層，包裹在子宮的最外面，將子宮和骨盆腔內其他臟器，如腸道、膀胱，相互隔離，使子宮成為一座獨立的宮殿。中間是子宮肌層，這一層最厚，沒有懷孕的時候可以厚達一公分，含有大量的平滑肌組織。這些平滑肌組織又根據不同的排列方式分為三層，其間穿插著大量的子宮血管，當子宮平滑肌收縮的時候，可以對這些血管起到壓迫止血的作用。最內一層是子宮內膜層，這是子宮最為重要的功能層，將來的受精卵就像種子一樣被深埋在這一層中（醫學上稱為著床），是孕育胎兒的土壤。而子宮的內膜層也不是一成不變的，就像宮殿內牆的牆壁一樣，時間長了會斑駁脫落，這些脫落的子宮內膜，就形成了月經。

當然，我們的「好朋友」月經可金貴著呢，把它比喻成牆壁脫落實在是委屈它了，因為它雖然來自偏遠的子宮，但是卻和更高層的長官關係緊密，它的到來，可絕不是時間長了牆壁就斑駁脫落那麼簡單。

這個更高層長官就是人腦了，它老人家壓根兒就不和外朝三大殿摻和，自己獨居在「內廷」腦袋裡，向整個身體發號施令。我們的「好朋友」月經也能和它老人家搭上關係，甚至還是直屬關係！

● 月經其實是這麼回事兒

人腦中有一個重要結構，叫作下視丘，專門掌管人體的內臟活動和內分泌活動，內臟或者內分泌想要做點兒什麼事兒，都得向下視丘報告，經它批

准下達指令後才能去做。當然，下視丘作為中央級別的長官，是不可能直接和內臟對話的，它的手底下有一位得力幹將，叫作垂體。垂體可是本事了得，自己可以分泌多種調節性的激素，當它接到下視丘下達的指令後，就開始利用自己分泌的激素，來指導下屬內臟們工作了。接受垂體指導工作、和月經有關的員工，就是卵巢。這樣，從中央領導下視丘，到它的祕書垂體，再到下屬的員工卵巢，形成了一個完整的傳話筒結構，這就是醫學上非常重要的下視丘 —— 垂體 —— 卵巢軸。

這個傳話筒是這麼工作的。其實，作為孕育胎兒的場所，子宮隨時準備著為小寶寶提供最佳的生活環境，等待著受精卵的種植。所以，從月經週期的一開始，卵巢就在逐漸增加雌激素的分泌量，雌激素的作用就是使內膜增厚，相當於不斷地增加土壤。同時，卵巢內的一顆新鮮的卵子也在不斷地成熟。終於，卵巢發現這顆卵子馬上要成熟了，於是向下視丘報告並提出申請：「報告長官，一顆卵子已經基本成熟，土壤量也已基本合適，請指示。」

下視丘接到報告後，向垂體發出指示：「卵巢那邊準備得差不多了，讓它排卵吧，順帶把土壤弄得肥沃一點兒。」接到上級指示，垂體不敢怠慢，立即施展手段，分泌了很多叫作黃體生成素的東西，主要任務就是通知卵巢：「你可以排卵了，順便多分泌些孕激素吧，給子宮內膜施施肥，以飽滿的熱情，等待受精卵的到來！」很快，卵巢接到了批示，馬上投入迎接新生命的工作中。

它先是排出一顆成熟的卵子，供輸卵管傘端拾取；隨後，排出卵子後留下

的空位就形成了黃體，一起加班分泌孕激素，以使土壤盡可能地肥沃。卵巢排卵以後的這一段時期，就稱為黃體期。和卵子成熟的時間有快有慢不同，黃體期的時間是固定的，每個人都差不多，是 14 天。所以，對於月經週期規律的人來說，來月經前的 14 天差不多就是排卵期，想懷孕的話選這兩天就對啦！

但是，不是每次排卵都會有精子來相會的，多數情況下，被輸卵管拾取的那顆卵子，最終也沒有遇上它的如意郎君，而是孤獨地被吸收掉了。上上下下忙了將近一個月，結果什麼也沒有迎來。這事情是逃不過下視丘的耳目的，它很快發現自己被愚弄了：「你們壓根兒就沒有受精卵！」

於是下視丘發怒了，它突然撤掉了對卵巢的全部資助，使得卵巢分泌的雌孕激素驟然下降。本來肥沃的子宮內膜，完全是靠著雌孕激素支撐的，這些激素水準的突然下降，使得子宮內膜無法繼續支撐，於是開始分崩離析，從子宮壁上脫落下來，再經過陰道排出體外，這就是月經了。

不過，作為長官的下視丘可能記性不是太好，或者是感覺月經來過了，讓下屬們一個月的努力都付諸東流，也算是一個懲罰了。所以，月經結束之後，它還是會繼續資助卵巢的工作，卵巢繼續運作子宮內膜這片土地，繼續向上級長官報告、交申請，下視丘也繼續做批示，垂體也繼續做指導。然後下視丘繼續發現自己被愚弄，繼續發怒，於是，月經它又來了。如此這般，週而復始。這就是月經的來歷了。

02
關於月經的一些江湖傳聞

看了前面的描述，有沒有一種陌生的感覺，很想問一句：「你確定是在講月經嗎？」可能在很多女性的印象中，月經，就是流血，就是麻煩，就是濕漉漉、黏糊糊，就是肚子疼，就是怕冷，就是渾身沒勁兒。還不止這些，還有很多和月經有關的江湖傳聞呢。

● 子宮後傾就無法受孕嗎

猴子哥和我從小在一個家屬大院長大，關係就像親兄弟一樣。有一年過節回老家，一天晚上猴子哥把我約出來吃路邊攤。兩杯啤酒下肚後，猴子哥突然滿臉嚴肅地對我說：「順子，你是婦產科的醫生，我得問你件事兒。」

「說！」

「我現在不是交了個女朋友嗎？時間也不短了，感情挺好的，打算結婚了。」

「哦，就你上次說的那個嫂子吧？」

「沒錯，就是上次說的那個。本來都挺高興的，結果前兩天她突然向我攤牌了。」

「攤牌？攤什麼牌？」我隱約感覺事情好像有點兒不妙。

「唉，你嫂子她不是經痛嘛，這事兒我也早就知道了。後來她去醫院檢查，做了個超音波，説是子宮後傾！」

「嗯，然後呢？」

「這還然後什麼啊！都子宮後傾了，還然什麼後！」

「子宮後傾怎麼了？」

「你是真不知道還是跟我裝傻啊？你嫂子説了，她在網路上查過，説子宮後傾現在是經痛，將來很有可能懷不上小孩兒。就是説，如果我們結婚，很有可能將來會沒有孩子！」

「就這個事兒啊？沒別的了吧？」

「這事兒還小啊？如果沒有孩子，就算我們能接受，我爸媽那兒也不好交代啊。現在弄得我們倆之間氣氛都有點兒不對勁兒了。這不趁你回來趕緊問問你，這毛病能治好嗎？」

聽他説完，我就放心了，優閒地咬了一口羊肉串：「別聽網路上瞎説，沒什麼毛病，正常的，不用治！」

「啊？正常的？不是說正常子宮都是前傾的嗎？不是說後傾的子宮不容易著床嗎？看病的那個醫生就是這麼說的，說子宮後傾都和體寒有關係。」

「你去私立醫院看的吧？」聽他越說越誇張，我打斷了他。

「你嫂子說公立醫院人實在太多了，排隊掛號就要半天，一早去醫院，下午能看上就不錯了，醫生還都愛理不理的，所以就去私立醫院了，環境好，醫生也熱情。」

我一扭頭，指著我的耳朵說：「正常人的耳朵也不是我這樣的啊，我這是招風耳，往前忽閃著，但也不耽誤我聽聲音啊。子宮就是小孩兒出生前的一個房間，所謂的子宮前傾後傾就是子宮的位置。這就相當於一個房間的朝向，比方說前傾子宮就是房間朝南，後傾子宮就是房間朝北。只要你房間結構沒問題，空間夠大，那朝南朝北都能住人，和經痛啊、不孕啊沒什麼關係。現在的醫療市場你是不知道，就是公立醫院壟斷，它占著壟斷地位呢，當然就厲害了，沒人和它競爭，沒有緊迫感和壓力，就沒有動力提高服務態度。再加上老百姓看病都往大醫院跑，醫生每天看上百個病人，就一個個都愛理不理的了。私立醫院根本沒法和公立醫院競爭，政策不給機會，尤其是有些小的私立醫院，大多數都不正規，為了能繼續生存下去，能有口飯吃，也就沒什麼醫療原則了。不過，你總該相信我吧，我告訴你沒事兒，你還怕什麼！」

「哈哈，你這麼說我就放心了，害我白擔心了好幾天！」後來，猴子哥和猴子嫂高高興興地結婚了，現在小女兒已經兩歲多了。更讓猴子嫂高興的

是，生完女兒，連經痛都好了。

● 經痛的問題主要就是痛嗎

難道生孩子還治經痛？

經痛，可以說是最常見的婦科症狀之一了，是很多女性的惡夢。
曾經有位姑娘這麼調侃：「為什麼江姐可以如此堅強？她一定有非常嚴重
的經痛，每個月都要痛苦那麼幾天。連經痛都能忍得過來，還有什麼酷刑
不能忍！」

雖然經痛發生得如此普遍，又讓人如此痛苦，但是，90% 以上的經痛是
像前面的猴子嫂那樣，查不出什麼器質性的病變，就是說生殖系統各個器
官在結構功能上都是正常的，我們稱這類經痛為原發性經痛。就是說大多
數情況下，經痛的問題就只是痛。這句話看了可能挺讓人生氣，經痛就「只
是」痛，那你還想要怎樣？其實，痛覺是人類的一種自我保護機制，當你
感覺到痛的時候，其實是身體在提醒你，身體的某個部位可能正在受到傷
害，你要有所行動了。比方說牙痛了，提醒你可能是有了蛀牙；腹痛了，
提醒你可能哪個臟器有了炎症；摔了一跤腿痛，提醒你可能發生了骨折。
總之，疼痛不是問題的重點，疼痛提醒你要注意的疾病才是問題的關鍵。

而經痛就不大一樣了，它是因為子宮平滑肌劇烈地收縮，就像上一篇提到
的那樣，壓迫了子宮內的血管，造成了短時間的缺血而引起的疼痛，只有
很小一部分經痛是因為骨盆腔內臟器發生病變造成的。所以，大多數的經

痛其實就只是痛，它提醒身體注意的作用並不大，你除了經痛沒有什麼其他問題。這也就決定了，在治療經痛的時候，我們沒有辦法通過對臟器的治療來改善經痛的症狀，而只能單純地針對疼痛進行對症治療。通常，在月經來的那幾天調整好心態，消除緊張情緒，注意休息，對經痛還是有所幫助的。如果實在不舒服，也可以吃一點兒止痛藥。

其實，在國外很多女性是通過服用短效口服避孕藥來治療經痛的，每天一片，連續服用 21 天的那種（不是事後緊急避孕藥），對於同時有避孕要求的女性，可謂一舉兩得，效果很不錯。但是，因為短效口服避孕藥的成分是雌孕激素，很多人一提到「激素」兩個字就像聽到毒藥一樣，碰都不敢碰；再加上有些沒有過性生活的女性，覺得吃避孕藥好像就等於宣告自己處女時代的結束，非常抗拒，所以，選擇這種方法的人並不多。其實，短效口服避孕藥短時間內應用還是非常安全的，那些被經痛折磨得生不如死的女性，不妨一試。

最後再提一句，因為分娩之後，子宮頸口會比分娩前相對鬆弛一些，所以，產後的子宮平滑肌不需要非常劇烈地收縮，就可以比較容易地將經血排出。因此，前面提到的猴子嫂在生完孩子之後，經痛就慢慢舒緩了。

● 哺乳期也會來月經嗎

當年猴子哥聽了我的「醫囑」，就不再擔心老婆子宮後傾的問題；而猴子嫂自從生了女兒之後，對我的信任也是直線上升，稍微感覺有點兒不對勁兒，就馬上打電話諮詢。女兒生了沒幾個月，猴子嫂的電話就打過來了。

「順子，我又有事兒要麻煩你了。」

「不麻煩，你說。」

「你姪女出生才兩個月，我還餵著奶呢，結果昨天好像月經來了。我剛上網搜尋了一下，網路上說，女人的血液往上走就是乳汁，往下走就是月經，所以，餵奶的時候就不應該有月經，如果有月經了，就說明母乳的品質有問題了，沒營養了，是不是這麼回事兒啊？」

「哎喲，嫂子，你這都是在哪兒聽來的江湖傳聞啊，說的還都煞有其事！一般情況下哺乳期確實不會來月經，但是有些人偶爾也會來一兩次，有的人哺乳期也會排卵，如果不避孕還能懷孕呢。不過，不管是來月經還是排卵，都不會對母乳產生影響，你就讓猴子哥給你多補充些營養就行啦！」

「啊？哺乳期也會懷孕啊！我現在這孩子才兩個月，要是再懷孕，那不是要瘋啦！我得跟你猴子哥說去！」

猴子嫂雖然當時沒有細問，但是她碰上的問題其實並不少見，雖然大多數女性哺乳期是不會有月經來潮的，但是在哺乳期間，照樣有月經經歷的人也不在少數。這是因為，哺乳的時候泌乳素水準很高，而泌乳素是由垂體分泌的。上一篇已經提到，垂體是月經來潮的一個重要環節，當泌乳素水準很高的時候，通常就限制了垂體對卵巢分泌的調控，卵巢缺乏有效的資訊供應，因此一般情況下哺乳期不會有月經來潮。但是，說不定有個什麼原因，讓垂體高興了一下，又發出了信號給卵巢，讓卵巢又排了一顆卵出

來，這就會導致哺乳期間還有月經的情形。這其實是內分泌調控的問題，和乳汁的品質沒什麼關係，哺乳期間月經來潮，是不影響餵奶的。

● 月經週期短的女人老得快嗎

看門診的時候，遇到過不少患者，因為月經週期太短而來就診。她們月經週期規律，經期時間也不長，經量也適中，但就是每個週期只有 22 ～ 23 天。看過前面的「月經個人檔案」你就會清楚，雖然月經顧名思義是一個月一次，平均的週期也是 28 天，但是，如果週期在 21 ～ 35 天的，也都屬於正常時間，是不需要特殊治療的。但是，有一位患者提出了一個算法給我，讓人感覺治療好像是刻不容緩了。她說，女人和男人不一樣，一輩子排出來的卵子數是固定的，大約就 400 多顆吧，排完就沒有了。人家月經週期長的，是一個月排一顆，我週期短，每個月短一週，一年下來就要比人家多排 4 顆卵，10 年就是 40 顆。這樣，我要提前將近 10 年就把卵子排光了，卵子排光了就要停經，我就要老了啊！

聽起來好像算得沒錯，實際上，她從一開始的假設就錯了。女人確實和男人不一樣，男人可以不斷地生成數以億計的精子，而女人一生中排出的卵子數目卻是固定的，這點沒錯。但是，並不是卵子排完就沒有了。其實，在卵巢中存在著大量的始基卵泡，就像預備役一樣，這些始基卵泡是卵子的後備力量。雖然每個月經週期只排出一顆卵子，但是，每個週期實際被招募起來的卵泡卻有好幾個，這些被招募的卵泡當中，只有一個最終成為優勢卵泡，達到成熟，排出卵子，其餘幾個就都自行退化了。

所以，雖然女性一生中要排出 400 多顆卵子，但是，這只占總卵泡數目的 0.1%。因此，如果你的月經週期比別人稍微短那麼幾天，大可不必擔心自己會因此而過早衰老，就像前面提到的，每個人的黃體期是固定的 14 天，週期短幾天，只是說明卵泡成熟得更快一些，你只不過可能比別人多排幾 10 顆卵子而已，卵巢還是有資本的。

不過，話又說回來，雖然每個週期都有足夠多的卵泡來供你招募，但是卵泡的總數量卻是從你一出生就定好了的，它不像男人的精子一樣可以不斷地生成，而是只會減少不會增加。從一這點來看，卵子要比精子珍貴得多了。而如果因為某些原因，在 40 歲以前就會造成卵泡耗竭，而發生卵巢功能的衰竭，醫學上稱為卵巢早衰。就是說，生成卵子的後備力量出現了嚴重的損失，這種因為卵巢早衰造成的不孕，目前醫學上還沒有什麼很好的治療方法。

03
準備懷孕，
生孩子還是要趁年輕

雖然門診患者形形色色，但是，有這麼兩大類患者：一類是 20 歲左右懷了孕來墮胎的；另一類是 30 多歲想懷孕懷不上的，讓人不得不感歎生活的促狹。

都說多大年齡就做多大年齡該做的事兒，那麼懷孕生孩子這件事兒，是多大年齡該做的呢？

● 年輕的時候不想生

如果單從醫學角度去看，女性一般初潮後 5～6 年就可以建立起成熟的生殖激素回饋系統，生殖系統也就成熟了。而女人只要成熟了，就應該早生孩子。為什麼這麼說呢？生育這方面，女性的限制條件要比男性多得多，要說起來，男性年齡大了精子活力會下降，但是只要還能挺起來，50 歲老來得子不是什麼新鮮事兒。不是有一張經典的老照片叫作「海嬰與魯迅，一歲與五十」嗎？但是女人別說 50 歲了，超過 40 歲，生育能力就要大打折扣了。有研究表明，女性 35 歲時的懷孕能力比 25 歲時下降一半，40 歲時再下降至少一半。這還只是受孕能力，還不包括自然流產。有研

- 32 -

究顯示，20 ～ 24 歲的女性自然流產率是最低的，只有大約 10%，就是說 90% 都可以成功妊娠下去；而到了 30 ～ 34 歲，流產率就增加到了 15%。如果覺得這還不算高，後面幾組資料就比較憂心了：35 ～ 39 歲流產率大約為 25%，40 ～ 44 歲流產率達到 50%，而 45 歲以上的流產率高達 93%！不僅如此，超過 35 歲，不僅生育能力下降，而且懷孕後發生產科併發症的風險明顯升高，生育畸形兒的比例明顯升高，剖腹產率也明顯升高。所以，醫學上把 35 歲以上的產婦定義為高齡產婦，只要達到高齡產婦的標準，不管您平時身體多好，一律歸入高危險妊娠的人群裡。

另外，不光是懷孕的時候，生完孩子以後的差別也大著呢。從產後恢復來看，年輕媽媽的恢復明顯比年紀大的要快，人體的恢復能力要好得多。現在 20 歲出頭的媽媽也不少見了，我們經常感歎年輕媽媽的恢復能力，剖腹產第二天，就能邊啃著蘋果邊在走廊裡逛遊了。說個極端的，如果同樣碰上大出血，一個 25 歲的和一個 35 歲的，連我們醫生的緊張程度都不一樣，對年輕的會更有信心。

這是從醫學角度的回答，所以說，在婦產科醫生眼裡，喲，你這都 20 多歲啦，還不趕緊生孩子啊？

● 想生的時候懷不上、生不下

曾經給一個 41 歲的高齡產婦做剖腹產，手術中發生了大出血，好在準備充分，險情順利化解。術後查房的時候看著她虛弱地躺在病床上，我對她說：「你要是能早 10 年，31 歲生孩子，就不會受這個罪了，說不定連手

術都不用做，自己就生出來了。」

她臉上擠出一絲苦笑：「提早 10 年，哪有時間生孩子啊！」在我看來，這真是飽含了生活酸甜苦辣的一句話啊！翻看她的病歷，博士，工作單位也是某某大公司，以這種年齡和學歷，想必也一定任職於比較理想的職位了。看看這份個人史，簡單一算就知道，她所言不虛。

本科 4 年，碩士、博士 6 年，光接受高等教育就要 10 年，再加上 12 年的小學中學，想二十多歲生孩子？三十多歲才畢業呢！三十多歲終於結婚了，就要立馬生孩子？彷彿女人就是一部機器，一部安裝有「子宮」這種零件的用來生育小孩兒的機器了。女人結了婚，就等於是機器被頒發了出廠使用許可證，就得馬上履行她的義務，趕緊生出一個孩子來。憑什麼啊？生孩子這事兒，對男人來說就是一個「寒顫」，而對於女人來說就是後半輩子。這意味著懷孕時的種種不適，意味著分娩時的劇烈疼痛，意味著哺乳時的不眠不休，只要生了孩子，女人就要用她的後半輩子去詮釋「母親」這個偉大的名詞。

可是，她是不是也有權利做她自己呢？她也想去逛逛街買買衣服，也想去看看小說看看電視劇，也想去聽聽歌畫幅畫；但是，一旦生了孩子，這些就全被一堆尿布和奶瓶取代了。

人生苦短，女人尤其不易，前面幾十年要做父母的好女兒，後面幾十年要做孩子的好媽媽，是不是也可以給自己一點兒時間呢？既然做女兒的時間沒法改變，也就只好延遲做媽媽的年齡了。人就是這麼一種矛盾的動物，

年輕的時候不想生，到了想生的時候又懷不上了。確實是「提早 10 年，哪有時間生孩子啊」，只怕等到有時間生孩子了，身體也就沒有精力去應付生孩子了。所以，雖然我堅決支持女性有決定自己生育的權利，但是，作為一名婦產科醫生，我還是想說，如果你年齡差不多了，那麼有條件能生就早點兒生吧；如果你已經懷孕了，甭管是不是意外，儘量給這個孩子一個機會，也是給自己一個機會。

第二章

做愛與懷孕

有件事我一直沒弄明白，性是從什麼時候開始成為一種禁忌的呢？性欲為什麼會被限制呢？同樣是人類的欲望，餓了你可以堂而皇之地滿街找餐廳，然後當著很多人的面前點菜吃飯，你可以公開表達自己的食欲並且公開滿足自己的食欲。但是性欲卻是私密的。

懷孕生孩子的書怎麼也繞不開性，如果沒有男女之間「獲得生命的大和諧」，那麼就無法懷孕——至少無法自然懷孕。

01

不懂避孕就上床，
別拿人工流產當避孕！

可以這麼說，無論你如何貶低，都不能低估我們的性教育。因為性知識的嚴重匱乏，鬧出來的笑話可是多的數不盡。很多人的性啟蒙教育可能來自黃色小說或者 A 片，那麼如果你從小就是嚴格意義上的「好孩子」的話，就很難獲得良好的性知識教育。曾經有一對博士夫妻，因為婚後一年不孕來就診，詢問性生活回答是正常的，結果婦科檢查的時候醫生卻驚奇地發現，妻子的處女膜竟然還是完整的！再仔細追問他們到底怎麼過性生活的，原來他們以為抱在一起接吻、睡覺就是性生活了，對性的認識還停留在小學階段。你覺得誇張得讓人難以置信嗎？難道作為博士，他們連性交是什麼都不清楚嗎？真的會不知道，因為性交不是人類的本能動作，也是需要後天學習的。

其實，不知道性交是怎麼回事兒問題也不是太大，最多不過耽誤點兒時間，以後總會知道的。不過，另一個問題就更麻煩了，那就是知道如何過性生活，但就是不知道怎麼避孕，這問題可就大多了，因為這是會出人命的！

● 人工流產的方式：超音波、內視鏡都沒你想的那麼神

隨著網路的普及和社會思潮的開放，越來越多的人有機會知道性生活到底是怎麼回事；但遺憾的是，我們的精神文明建設發展好像還沒跟上，對於避孕知識的普及還是相對落後的。這就造成了人民群眾日益增長的性生活知識和落後的避孕常識之間的矛盾，這種矛盾的直接後果就是，各種人工流產廣告如雨後春筍般地蓬勃興起。比如，有個無痛人工流產的廣告是這麼說的：「今天做手術，明天就上班！」一開始我還沒反應過來，今天去做了手術，明天就能有工作啦？後來一想，哦，它是想說手術恢復得快，明天就能上班了——這不是胡說八道嗎！

人工流產、無痛人工流產、超音波、內視鏡無痛人工流產，看上去好像顯現了醫學的飛速發展，其實醫生在手術操作上沒什麼區別！過程都是一樣的，用根吸管——呃，總要比你喝飲料的吸管粗一些吧，而且也不能用嘴吸啊，一頭是連著負壓吸引器——進入宮腔把胚胎吸出來，然後用刮匙刮子宮。手術一開始通常都會在子宮頸位置局部用一點兒麻藥，以減輕痛苦。

無痛人工流產呢？就是手術的同時又加了一個靜脈全身麻醉，這樣你睡一覺手術就做好了，整個操作過程人是不清醒的，也就沒有痛苦的感覺了，但是醫生的手術操作是沒有什麼區別的。超音波內視鏡無痛人工流產，就是說手術過程中是有超音波引導監護的，這樣穿孔或者殘留的機會相對小一些。以目前的醫療水準，哪家醫院還不配個超音波啊，做人工流產的同時旁邊看超音波都是預設配置了，再把超音波引導拿出來做廣告宣傳，也就是唬唬那些不瞭解情況的小女生而已。

其實醫生是怎麼操作手術的並不重要，大家更關心的是做了這個手術後會有什麼影響，手術會給自己帶來多大痛苦，會給自己的將來造成多大的麻煩。這個問題就比較複雜了，醫生平時在回答患者類似諮詢的時候，也都是因人而異，不同的人問，回答的內容還真是都不一樣。所以，在看接下來的內容時，讀者請先自我評估一下，不同的人選擇不同段落閱讀。

● 第一次意外中招之後

其實臨床上做人工流產手術的女性中，有一部分真的很無奈。比如，有的患者就說，醫生，我已經很注意避孕了，每次性生活都戴保險套，還檢查有沒有破洞，結果還是中招了。這種事兒碰上了真的是倒楣，就像前面說的那樣，女人又不是生孩子的機器，憑什麼懷了孕就一定要生下來，憑什麼不能有自己生活和事業上的安排，一定要被生育這件事兒牽著鼻子走？通常這種對避孕知識非常瞭解、對自己生活很有規畫的患者，同時還存在另一個問題，就是對人工流產手術極其恐懼，生怕一次手術之後就再也不能懷孕了，完全打破了自己對生活的各種部署，從而帶來很大的精神壓力。還有的患者本來就是打算懷孕的，結果這次胚胎發育不好，發生了難免流產的情況，只能進行人工流產手術。對於這些患者，醫生在介紹手術風險的同時，還會進行開導，緩解患者的壓力。

比如說，雖然任何手術都有出現併發症的風險，但是，如果在正規醫院由有資質的醫生操作的話，人工流產的嚴重併發症發生率應該在 1‰ 左右，還是屬於一個相對安全的手術。至於對以後生育能力的擔憂，根據統計，大約有 30% 的女性，做過至少一次人工流產手術。就是說女人中，10 個

裡頭有 3 個一生中曾做過人工流產手術，這個比例不小。但不孕的比例卻沒那麼高，研究顯示，如果僅做過一次人工流產，似乎對下次妊娠結局影響不大，這裡的不良妊娠結局包括不孕、子宮外孕、自然流產、新生兒畸形、死胎等等。也就是說，雖然人工流產是骨盆腔感染的高危險因素，而骨盆腔感染可以造成不孕，但是，僅做過一次人工流產手術，和從未做過人工流產手術的人相比，不孕的發生率似乎相差不大。所以，就先忘掉這次不愉快的經歷，繼續做好避孕措施，享受自己的生活吧！

● 人工流產手術到底有哪些影響

如果你已經不是第一次做流產了，或者你對各種避孕方法還不了解，也沒打算去瞭解，又誤讀了上面那些醫生對患者的開導，那麼先別竊喜，你已經流產了不止一次了，還不學著避孕的話就會有更多次，直到再也懷不上為止。現在，就別看那些醫生安慰患者的話語了，還是直接面對自己的問題吧：人工流產手術到底有哪些影響？

人工流產手術雖然不開刀，大多數也不用住院，但是手術沒有大小，只要是對人體侵入性的操作，就一定有相應的手術風險，就可能發生相應的手術併發症。雖然這些風險和併發症就是個概率問題，但是對於個體來說，概率是沒有意義的，發生了就是 100%，誰也不能保證你就不是那個倒楣的人。人工流產手術有哪些風險呢？先看近期的，可能會發生大出血、感染、子宮穿孔、子宮頸損傷，還可能因為子宮內組織殘留要再次手術。後期的風險就更麻煩了，你現在是懷孕了卻不要，等到將來想要，恐怕就懷不上了，因為多次人工流產手術後，容易發生子宮內膜的損傷，或骨盆腔

炎症，導致不孕，或者懷上之後容易自然流產，而且以後發生子宮外孕的風險也會大大增加。

什麼？無痛人工流產？那也只是減輕手術時的痛苦而已，手術操作一點兒也沒減少，而且相應的風險還會增加，因為你打麻藥了啊！麻醉意外總聽說過吧？而且打了麻藥之後你就什麼都不知道了，不能和醫生配合。比方說，如果發生子宮穿孔，清醒的時候可能很快就能有明顯的反應，讓醫生有所警覺；而如果不清醒的話，要等到穿孔很明顯，甚至發生更嚴重後果的時候醫生才能發現，所以無痛人工流產的風險比普通人工流產還要大一些。

所以，人工流產可不是扮家家酒，別以為懷孕了拿掉就是了，人可經不起這麼反覆折騰，就算你現在不怕手術痛苦、不怕手術併發症，也總要為以後考慮考慮吧，可千萬不要拿人工流產當避孕啊！

02
婦產科醫生教你如何避孕

有人說：「要發生性關係，女人需要一個理由，男人則只需要一個地方。」其實不論對於男人還是女人，都還需要一個避孕方法，而且這對女人更重要。不過遺憾的是，現代人似乎對避孕教育所知還是非常落後，都不好意思張口說這事兒，老師不好意思教，學生不好意思學，好像避孕這事兒，說了就是鼓勵性交——這不符合邏輯啊。其實，很多事講明瞭比暗著來要好多了。你承認人性的弱點，承認人都是自私的，以人性的自私為出發點來制定規則，把醜話說在前頭，比背地裡搞潛規則好多了。寧做「真小人」，不當偽君子。所以，雖然本書是介紹孕產知識的書，避孕知識也得講！

前面講到，人工流產不是避孕，它只是避孕失敗後的一種補救措施。這就好像武俠小說裡，那種殺傷力極大的招式，是不能輕易發招的，太傷元氣，偶爾用一次可以解決問題，但總是發大招就相當於自廢武功了，真正的高手還是要靠常規招式應對的。人工流產也是這樣，偶爾做一次，解決了問題也就算了，你若總是想依靠人工流產來對抗懷孕，總有一天會再也懷不上了。所以，功夫還是要下在平時，那就是要學會避孕。如果你對避孕知識不瞭解，那麼千萬別說自己是「意外」懷孕的，你不避孕，懷孕了有什麼好意外的，意外沒懷上還差不多！

● 別再被錯誤的避孕方法誤導了

女性只要有了性生活，就要面臨兩個選擇：懷孕和避孕。而無論哪種避孕方法，避孕成功率都不是 100% 的，即使是成功率最高的結紮手術，也可能因為輸卵管組織增生而使兩端又重新接補而受孕，從而導致避孕失敗。所有的避孕方法都有它的優缺點，因此也就沒有哪種方法可以占絕對優勢。如果誰能發明一種避孕成功率 100%、對人體又沒有什麼損傷的避孕方法，那麼毫無疑問，他肯定會獲得諾貝爾獎。正是因為任何避孕方法都有失敗的概率，所以無論你選擇了哪種方法，只要是有性生活，那麼就存在懷孕的可能，只有在那個時候才能使用人工流產這種補救措施。

雖然避孕方法都有失敗的可能，但是也有可靠與否之分。有很多所謂的避孕方法，就像一些不入流的武功招式一樣，用處不大，流傳倒是挺廣，挑幾種簡單的來說說。再次強調，以下方法強烈不推薦，切勿模仿。

安全期

就是非排卵期。如第一章中所談到，排卵是受到調控的，有週期規律可循，一般月經來潮前 14 天排卵，如果不是排卵期同房的話，似乎就不該懷孕。但是這種想法太天真了，卵巢的調控可不像衛星發射中心對於火箭發射的控制，一分一秒都不差，誰知道下視丘、垂體什麼時候高興了，給卵巢傳個話，提前排卵或者延後排卵了，它們又不會通知你。再說，卵子排出之後，並不是立刻就會被吸收，還會有等待時間的，而且精子也不是馬上就都流光了，也會等著的。這麼三等兩等，也許雙方就等上了，你這避孕就算失敗了。而對於那些月經週期不規律的人來說，就更

別提什麼安全期了。所以説，安全期不安全，在婦產科醫生眼裡，如果你説避孕方法是安全期避孕，那基本上就等於不避孕。安全期不是標準的避孕方式！

避孕失敗指數：★★★★

以訛傳訛指數：★★★★

欺騙指數：★★★

緊急避孕藥

同樣是避孕藥，您可要看清楚，這和前面提到的口服短效避孕藥差別可大了。前面提到的口服短效避孕藥，是每天口服一顆，連續服用 21 天為一個週期，市面上常見的如媽富隆、敏定偶、 達英 -35、優思明；而緊急避孕藥是在性生活之後，一次性服用的，市面上常見的如毓婷、安婷、米非司酮。口服緊急避孕藥這種方法僅適用於常規避孕失敗（如保險套脱落），或者非意願無保護性生活（如被強迫進行性行為），而不適用於常規避孕。這種方法不僅避孕失敗率高，而且，由於緊急避孕藥通常劑量較大，所以副作用也比較明顯，對於月經的不良影響也比較大，經常可以引起連續幾個月的月經失調。

避孕失敗指數：★★☆

以訛傳訛指數：★★★

欺騙指數：★★★★

體外射精

這就不多説了，你以為沒有射在陰道裡面就可以避孕了嗎？你只是沒看見精子進去而已，你太低估精子游動的能力啦！在醫生眼裡，體外射精也等

於不避孕。

避孕失敗指數：★★★★☆

以訛傳訛指數：★★★★

欺騙指數：★★★

● 正確的四種避孕方法

說完那些誇張的種種，總要講點兒有用的。如果把懷孕看作假想敵的話，那麼常規的避孕武功招式，各門各派也都不相同，這裡就介紹幾個著名門派的最正確的避孕方法。

結紮術

屬於避孕方法中的福威鏢局。林遠圖創立了一套「辟邪劍法」，威震武林。可以說，以這套辟邪劍法的招式，幾乎可以橫掃各路敵人──就是說這是致勝率最高的武功。但是，想必大家也知道修煉此功的前提條件，需要對自己的身體進行一定的損傷。結紮術的方法是切斷輸卵管，就是前面說的連接子宮這座宮殿兩側的長廊。這兩條長廊的作用非常重要，是運輸受精卵的必經之路，如果將其切斷，那麼受精卵就沒有辦法進入宮殿，也就沒法著床，自然就不會懷孕了。不過武功雖強，但修煉難度不小，你得特意去醫院做個手術。而且，要付出的代價也不小，那就是切斷容易復通難。結紮的時候一刀兩斷倒是很痛快，可是以後萬一後悔又想懷孕了，那麼要把已經斷開的兩節輸卵管再接回去，手術可就麻煩多了。所以，選擇這一門派的，基本上都是已經生育過的婦女，並且不再打算生育，唯一的要求只是想用足夠高超的招式來解決對手。

避孕成功指數：★★★★★☆

易操作指數：★★★

附加獲益指數：☆

低損傷指數：★★☆

可恢復指數：★

子宮內避孕器

屬於避孕方法中的霹靂堂。霹靂堂名聲雖響，但非以武功取勝，而是以製造厲害的炸藥火器威震武林。子宮內避孕器作用相似，是在子宮裡放置一枚避孕器，從而干擾著床，避孕效果也很理想。並且和結紮的可恢復性相比，子宮內避孕器的可恢復性就好得多了，取出後很快就可以恢復生育功能，而且放置和取出的手術操作都很方便。當然了，既然是「炸藥火器」，那麼它的自傷性風險還是不小的。比如，放置手術時可能有出血、感染、子宮穿孔的風險，不過概率都很低，主要還是放置後的一些問題。有少數人放置子宮內避孕器後會出現腰酸、腹痛、月經異常等不適表現，甚至有些人在放置子宮內避孕器之後還會懷孕，而且還是子宮外孕。更有甚者，有些人的子宮內避孕器還可能會逐漸和子宮壁融合，長進子宮肌層裡去，醫學上稱之為避孕器嵌頓，讓取出時增添很大的麻煩。

避孕成功指數：★★★★

易操作指數：★★★★☆

附加獲益指數：☆

低損傷指數：★★☆

可恢復指數：★★★★☆

口服短效避孕藥

屬於避孕方法中的丐幫。丐幫的鎮幫神功降龍十八掌，以內力渾厚著稱。而口服短效避孕藥也是通過雌孕激素，對身體的內分泌進行調節，抑制排卵，也屬於修煉內功。而且，江湖上有很多對於丐幫的誤解，大家對乞丐充滿鄙夷，缺乏尊重，而實際上丐幫弟子紀律嚴明，義薄雲天，講義氣又富有正義感，雖然不能排除有個別弟子行為不檢，但總體來說，丐幫還是江湖上響噹噹的正面幫派。同樣，口服短效避孕藥也遭到不公正的待遇。像前面說的那樣，許多人對於「激素」二字是出奇地恐懼，什麼東西只要沾了「激素」的邊兒，那基本就是要被嚴加防範的。我只不過就是想避個孕，怎麼還要吃激素啊？而實際上口服短效避孕藥並沒有那麼可怕；相反，由於它內功深厚，所以避孕效果極佳。另外，它還具有一些其他的附加好處，如前面提到的可以緩解經痛，調節月經週期，還可以降低卵巢癌、子宮內膜癌的發病率，所以臨床上很多月經失調的治療也是採用口服短效避孕藥。當然，它也有一定的副作用，如形成血栓的風險，但是我們黃種人比白種人形成血栓的風險更低，如果只是吃個一年半載，並定期體檢的話，還是很安全的。不過，它倒是有一個不足之處，就是使用比較麻煩，一個週期 21 天，你需要每天堅持按時吃藥，如果漏服的話會嚴重影響避孕效果。但是，就像刷牙一樣，雖然也是每天都要堅持做，只要形成習慣了，也就不覺得麻煩了。

避孕成功指數：★★★★☆

易操作指數：★★☆

附加獲益指數：★★★

低損傷指數：★★★☆

可恢復指數：★★★★★

保險套

屬於避孕方法中的古墓派。歷史悠久，但從王重陽當年隱居古墓開始，古墓中人就有個特點：堅決不出來！到了林朝英收徒之後，還讓人家立誓永世不出古墓。保險套的方法也是一樣，堅決不讓精子出來！精子被隔絕開來，無法與卵子相遇，也就達到了避孕的效果。相信大多對於避孕知識稍有瞭解的人，認識也就停留在保險套水準了，不過，有避孕意識，知道使用保險套也是不錯的。而且保險套也有一些額外的好處，最主要的就是預防性傳播疾病，因為子宮頸癌的發病絕大多數是和 HPV 感染有關，這也是可以通過性傳播的，所以，使用保險套也可以降低子宮頸癌的發病率。但是，需要強調的一點是，保險套是這裡介紹的四種避孕方法中，避孕成功率最低的一種，和使用方法的正確與否關係密切。

避孕成功指數：★★★
易操作指數：★★★★☆
附加獲益指數：★★
低損傷指數：★★★★
可恢復指數：★★★★★

03
懷孕不是那麼容易
才會特別讓人著迷

前面都在講怎麼避孕，萬一懷上了怎麼人工流產，這些都不是講孕產的節奏啊，現在到這一篇終於可以言歸正傳談懷孕了。

之前講了各種避孕方法，正確的、旁門左道的都有，但是沒有一種完美的避孕方法，不管你用了什麼方法，還是有可能對著驗孕試紙上的兩道橫線直揪頭髮。可以說，為了能成功避孕，真是讓人傷透腦筋。佛說「眾生皆苦」，你那廂為了避孕傷透了腦筋，這廂的姐妹為了能懷上孕也是操碎了心呢。

平時看小說、電視，一般情況下哪個良家婦女稀裡糊塗地和某男過了一夜，下一個情節基本就是要懷孕了，然後自然而然地就有了各種情感糾葛，而小三們也總是能拿肚子裡的孩子做要脅——在眾多作家、導演眼中，女人懷孕實在是再輕鬆不過的事情了，起碼總是可以配合著劇情向前發展的，實在找不到矛盾衝突了，那就懷個孕嘛，只要一懷孕，各種角色就可以立刻熱鬧起來了。讀者、觀眾呢，也都樂意接受這一現實，覺得既然倆人都上過床了，那自然就應該懷孕了啊，反倒是《神雕俠侶》中小龍女被尹志平占了便宜還沒懷孕，令很多讀者感覺奇怪：小龍女是不是在古

墓裡待久了不孕不育了，怎麼被尹志平占了便宜還不會懷孕？其實要說起來，還是金庸爺爺更有學問些！

● 懷孕的「高標」

避孕不容易，而另一方面，要想成功懷孕也難著呢。下面就來看看成功懷孕所必需的幾個條件，這就像考試分高低標一樣，是你上大學必須跨過去的環節。

1. 男方有足夠數量的活動精子

這裡強調了精子的數量和品質。你能看到精液但看不到精子，因為精子實在太小了，只能用顯微鏡看，而你能看到的乳白色的精液其實大部分是前列腺液，至於裡面有沒有足夠數量和品質的精子，還真不好判斷。隨著我們周圍環境的惡化，男性精子的數量和品質總體也在走下坡路。而且，精子數量和品質跟男人肌肉多少似乎關係也不大，精壯猛男也有少精症。總括來說，就是男人也不能以貌取人。

2. 女方能夠排卵

前面提到卵巢中有大量的儲備部隊，但是儲備沒用，重要的是關鍵時刻能排出來的，要能做到招之即來，來之能戰。而規律的月經週期，可以看作具有排卵功能的表現，通常只要月經規律，那麼一般排卵功能的問題就不大；而如果月經平時不規律，那麼是否可以正常排卵也要打個問號了。

3.卵巢周圍沒有粘連

卵子只被排出來還是不夠的，卵巢和子宮是不相連通的，卵子沒辦法自己跑到子宮裡頭，而是要經過輸卵管。如果因為種種原因，如盆腔炎症，卵巢和周圍的其他臟器粘連到一起了，沒有在應該在的位置，而且周圍又有很多粘連帶從中阻隔，那麼排出來的卵子空有一身本領，也是沒法進入輸卵管這個生命通道之中的。

4.輸卵管有拾卵能力

如果卵巢結構功能都沒問題，既可以排卵，周圍也沒什麼粘連，卵子就緊挨著輸卵管了，那也得看看輸卵管的能力。前面說過了，輸卵管是連接子宮這座宮殿兩側的長廊，而且開口的位置像手一樣可以拾取卵子。但是，如果輸卵管因為某些原因，傘端遭到破壞，甚至被堵住了，那麼就失去了拾卵的功能，就算卵巢毫無問題，卵子也還是沒法進入輸卵管。

5.輸卵管通暢並且能正常蠕動

就算輸卵管傘端可以成功地拾取卵子，把卵子帶入輸卵管這條生命通道之中了，但是，在這個通道裡，卵子不是自己往子宮裡頭滾的，而是要依靠輸卵管的運送功能。就是說，輸卵管是個長廊，但不是普通長廊，它自己還有運送功能。如果輸卵管周圍被粘連了，運送功能受到限制，或者長廊裡堆了建築垃圾堵路了，再或者，就算這條長廊功能正常，結果造物主在建造它的時候不小心建長了一段距離，那麼，將來的受精卵就都沒有機會進入孕育生命的宮殿之中，也就沒辦法懷孕了。

6. 性交時間適宜

精卵可以有機會在輸卵管中相遇。男方精子大軍兵強馬壯聲勢浩大，女方卵巢、輸卵管都各司其職，而且輸卵管這條生命走廊也暢通無阻。但是，每次都是錯過，卵子在輸卵管中苦苦等待了一天一夜，也沒見著浩浩蕩蕩的提親大隊；或者數千萬的精子大軍沖進輸卵管中，苦苦尋覓了三五天，也沒找到嬌媚的卵子，那麼這事兒也就失敗了。那些每天盯著排卵試紙的女士，就是在尋找精卵結合的最佳時刻。

7. 適宜生長的子宮腔環境

前面提到過，子宮就是孕育胎兒的宮殿。就像種莊稼需要肥沃的土壤一樣，子宮內膜就是受精卵著床的位置。如果因為種種原因著床失敗，那麼即使是精卵相遇形成了受精卵，被運送到了子宮腔內，也不能被成功地種植在土壤裡，照樣沒法懷孕。前面的這麼多必需的條件，就像是每個科目必須跨過的分數線，讓人不得不感歎，一個新生命的誕生，實在是占據了天時地利人和的奇蹟，要想懷孕還真需要一定的「孕」氣呢。有統計顯示，對於一個 24 歲育齡期的女性來說，正常性生活不避孕 1 個月，懷孕機率只有大約 25%，5 個月大約 40%，8 個月大約 75%，1 年大約 90% 可以懷孕。如果只有一次性生活，要恰好湊成前面說的這麼多條件，確實不容易，懷孕的機率還真的不算太大。所以，如果努力了一兩個月還沒有懷上，千萬別太緊張焦慮，可能就是緣分不到，等到機緣巧合了，說不定下個月就懷上了。而如果不避孕超過一年還沒有懷上，那就有必要到醫院檢查了。當然了，話又說回來，如果你是抱著這種僥倖心理，以為只有一次性生活不大容易懷孕，於是就不注意避孕了，那麼可能到頭來要吃苦頭的就是你了——「事情如果有變壞的可能，那麼不管這種可能性有多小，它

總是會發生的。」這就是欠扁的墨菲定律。

● 說說 60 歲失獨老太太的試管嬰兒

既然正常性生活不避孕一年有 90% 都可以懷孕，那麼，如果超過一年都還沒懷孕，就要被診斷為不孕症了。這是困擾了很多家庭的一個問題，是的，這不僅僅是夫妻雙方，而且是整個家庭的問題。雖然不孕症一直都是一個棘手的問題，不過 2013 年年底的一則新聞讓人感覺好像懷孕也不是那麼難的事兒了——「60 歲失獨老太太生子，試管嬰兒手術生雙胞胎」。

這條新聞一出，網上討論異常熱烈。除了對老太太的關注之外，還有就是對試管嬰兒技術的讚歎了。不少人感歎，60 歲的老太太都可以懷孕生子，現在的醫學真是發達，以後就不用愁懷孕的事兒了，懷不上可以做試管嬰兒啊！

說實在話，這還真的是高估了醫學的發展了。雖然試管嬰兒技術是針對不孕症的一種比較好的輔助生育的方法，它的發明者也因此獲得了諾貝爾獎，但也千萬不要把它神話了，能有 30% ～ 40% 的成功率已經很不錯了。試管嬰兒是將精子和卵子取出，在體外完成受精，然後再移植到子宮腔內繼續孕育，所以，它針對輸卵管原因造成的不孕效果是最好的。但是，前面已經提到懷孕所必需的條件還有很多，輸卵管因素只是其中之一，如果卵巢排卵障礙，藥物刺激也無效，那麼試管嬰兒也是做不成的。另外，胎兒最終還是要在子宮裡長大，如果子宮有什麼問題的話，即使試管嬰兒幫你完成了受孕過程，最終也還是沒辦法在子宮腔內長大，要麼著床困難，

要麼容易流產。

其實，在新聞的最後也已說明，這位老太太打破了生育的極限，成為中國最高齡的產婦。就是說明她創造了一個紀錄。創紀錄是什麼概念？人類100公尺短跑的速度極限是 9 秒 58，也就是說人類可以用 9 秒 58 的時間跑完 100 公尺的速度，但是，全世界能夠做到這樣的只有波特一個人。這就叫作創紀錄。所以說，新聞就是新聞，它報導的是一種挑戰極限的個別特例，而不是一種生活常態。事實上，不要說 60 歲了，絕大多數 40歲以上的人做試管嬰兒也都是失敗的，即使是在北美這種公認的醫學發達的地區，45 歲以上的試管嬰兒成功率也只有一成。所以，千萬別以為試管嬰兒就是解決不孕症的神器了，它只是幫了你一小步，要想成功懷孕、分娩，其實還是得靠自己。

註：
失獨老人是指獨生子女意外離世，夫妻倆不能再生育亦不收養子女的老人。

04
子宮外孕——
懷孕路上的「假面」

對於準備當媽的女人來說，除了少數比較好「孕」的，碰碰都能懷上，很多人懷孕的過程堪比漫漫取經路，一路充滿艱難險阻。看看前面的資料你就知道，不管你多麼注意、多麼虔誠，還是會有超過一半的人，可能忙碌了小半年也還是沒懷上。其實四、五個月懷不上也沒什麼，大可不必緊張焦慮，心理負擔越大，可能效果越不好，反而放鬆心情之後便會迎來驚喜。不過，既然是取經之路，那麼也不能太過大意，如果真的發現懷孕了，切不可被勝利沖昏頭腦，千萬小心謹慎檢查，以免遇到這懷孕路上的「假面」，也就是子宮外孕了。

● **一顆隨時可能引爆的炸彈**

有一天我下班回家，老婆正在練瑜伽，她一邊扭著腰一邊問我：「子宮外孕是怎麼回事兒？是很嚴重的毛病嗎？」

我被她的突然發問搞得一頭霧水，很多念頭快速掠過腦海：她最近的月經什麼時候？好像半個月前。來月經的時候表現和以前有區別嗎？好像沒有。經期有變化嗎？好像沒有。最近有說過肚子痛嗎？好像也沒有。當這些問

題以超級電腦的速度在腦子裡閃過之後，我還是沒想到哪裡出了問題。

「你問這個幹嘛？怎麼了？」

老婆好像沒有注意到我略帶緊張的表情，還在繼續那些高難度的動作:「我們主管請假回老家了，參加他一個表妹的葬禮，說是因為子宮外孕。我們主管的老家也算是大城市了，說起來醫療條件也不差，這子宮外孕是有多嚴重，救不了嗎？」

我這才舒了口氣:「死在醫院裡？有沒有開過刀？」

「沒有，本來是懷了孕在家休息的，就一個人在家，發現的時候人在廁所，已經不行了。估計是上廁所的時候覺得不對勁兒的吧，都沒來得及打電話叫人。」

「嗯，那看來是出血太急太快了，要是在醫院馬上手術可能還來得及，要是在家的話，就算打電話叫了人來，再趕到醫院恐怕也晚了。」

「出血自己看不到嗎？一有出血趕緊叫人啊，幹嘛還等到出那麼多血才叫啊？」

「子宮外孕的出血是包塊破裂的內出血，外面看不出來，和普通的流產不一樣。」

「什麼是包塊破裂？」

「孕囊啊，就是懷孕的組織，還沒有長成人形的小胚胎。」

● 這不是老公沒瞄準的事兒

這時候，老婆終於把身體擺回到正常人的姿勢，還是一臉的不解：「你説這胚胎不是都已經著床了嗎，怎麼又跑到子宮外去了呢？」

我看她興趣來了，便打算好好解釋給她聽：「不是著床以後跑到子宮外去的，而是壓根兒就沒進子宮。」

説著，我立正站好，雙手握拳，雙臂向兩側平舉，擺好姿勢以後繼續解釋：「我的腦袋和身體軀幹部分就是子宮，兩條胳膊就是兩側的輸卵管，兩個拳頭就是兩個卵巢，我現在這個姿勢基本就是它們的位置關係了。」

老婆看我準備幫她上課了，笑著説：「還挺像。」

「你每個月卵巢會排一顆卵子出來，」説著，我配合著打開一個拳頭，「然後這顆卵子會被輸卵管拾取，卵子就從輸卵管的最遠端往子宮裡游。這時候，如果遇上精子的話，就會受精，所以受精的位置是在輸卵管裡，一般就是在我小臂這個位置。然後受精卵一邊分裂，一邊被輸卵管向子宮腔裡運送，最後種植在子宮腔裡，這就是著床。一旦著床了，它就不再動彈了。」

「那子宮外孕就是沒有送到子宮腔裡？」

「對。如果受精卵在輸卵管的運送過程中卡彈了，還沒有進入子宮腔就被種植下來，那麼就是子宮外孕。最多的就是停在輸卵管裡了，但是輸卵管的管壁比子宮壁可要薄多了，種子種下去是要生根發芽的，如果壁太薄的話，這根可能還沒長多久就要把壁穿透了，這就是妊娠包塊破裂了。」

「哦，破裂之後就會出很多血。」

「差不多。不過不同地方的破裂，破口的大小不同，出血的猛烈程度也就不一樣。很多時候如果只是破一個小口，血塊正好凝固堵在上頭，也可能出血不那麼急，還是有送醫院搶救的機會的。你們主管的表妹出血這麼急，我懷疑是破口比較大，或者可能是破口的位置不好，比方說在我肩膀這個位置。」

「這種位置有什麼說法嗎？」

「如果我的軀幹是子宮的話，那麼我的肩膀就是子宮和輸卵管相連接的位置，這個地方叫作子宮角。這裡的肌層比較薄弱，子宮、卵巢、輸卵管的血管都要經過這裡，所以血供很豐富，一旦破裂，出血就會非常兇猛，所以子宮角妊娠破裂出血就會比較嚴重。」

● 子宮外孕的症狀很善於偽裝

「這麼嚴重的毛病，一開始會一點兒症狀都沒有嗎？」很顯然，相對於那些發病機制，老婆還是對臨床表現更感興趣。

「其實子宮外孕的症狀各式各樣，書上說典型症狀是停經、腹痛和陰道流血，但實際上很多人的子宮外孕都沒有這麼典型。比方說，有一部分人的陰道流血症狀，是出現在下次差不多該來月經的時間前後，這樣就會讓人誤以為是來月經了，結果停經和陰道流血兩個症狀 就全都被忽略過去了。」

「啊？那不是很危險？以後我每次月經結束還都要查一下有沒有子宮外孕啊？萬一我把子宮外孕給疏忽了怎麼辦？」

「不會的。說是誤以為月經，絕大多數是因為沒有在意，子宮外孕的陰道流血和月經還是有區別的。一般量會比較少，顏色更暗一些，甚至是褐色的，好像月經總是出不來的那種感覺。也有一些量比較多的，但是時間也會更長，比正常的經期要長，總是滴滴答答不乾淨。除了這些錯把陰道流血當月經之外，還有一些情況也很可怕，就是本來打算懷孕，可能把出血當成先兆流產了，還在那兒安胎呢。再或者就是真的沒有出過血，也不肚子痛，就跟正常早孕一樣，等到破裂的時候來個冷不防。我估計你們主管的表妹就是這種情況。」

「這也太可怕了吧，都不能提前發現嗎？」

「可以啊。比較好的辦法就是做超音波，如果已經測試過懷孕了，但是在子宮腔裡面還沒看到有胚囊，而在子宮外面看到包塊的回聲了，那麼就要小心子宮外孕了。不過超音波起碼要到懷孕 40 天以後才能做出來，更早一點兒發現的辦法是可以抽血化驗，檢查 HCG，就是測試懷孕的那個指標。如果 HCG 的值隔天能夠翻倍的話，那麼子宮外孕的可能性就很小，基本可以放心了。」

「哦，明白了，還是得做超音波、抽血，自己看不準，還是得去醫院啊。」老婆接受完我的宣教，又把腰探了出去。

其實，這些話是在平時的工作中反反覆覆被說了不知道多少遍的了，因為這是婦產科急診夜班最常見的疾病，而且發病率有逐年升高的趨勢。現在的發病率統計是 2%，也就是說每 100 個懷孕的人當中就有 2 個是子宮外孕；而如果曾經得過一次子宮外孕的話，那麼再次子宮外孕的風險要增加10 倍，會達到 20%。隨著網路的普及，越來越多的人對子宮外孕已有所瞭解，尤其是準備懷孕的人更是對這個取經路上的小雷音寺擦亮了雙眼。這確實挺不錯，於是又有人想到是不是可以在懷孕之前就能預防一下子宮外孕，如在懷孕前做一個輸卵管通液檢查。很遺憾，以目前的醫學水準，還不能預防子宮外孕的發生。輸卵管通液只是檢查輸卵管通暢程度的方法，因為輸卵管不是簡單的皮管，它本身還有運輸的功能，所以，即使雙側輸卵管是通暢的，也不代表就不會子宮外孕。而且，輸卵管通液檢查也只是在不孕症的患者中才進行的檢查，如果剛剛開始備孕，是完全沒有必要做這項檢查的。

05 健康孕婦也可以有「性生活」

讓婦產科醫生來講「大肚子」的那些事兒，可就要打開話匣子了。病房裡有形形色色的孕婦、家屬，人人都有故事。不過，在講故事之前，先要介紹一下病房的環境。

和在門診看病不同，每一個住進醫院的患者，一般都不會只有一個醫生來處理病情，而是一個治療小組。這個治療小組通常由不同級別的醫生組成，從高到低依次是主任醫生、主治醫生、住院醫生和實習醫生，這些叫法就是職稱的名字，不理解也沒關係，你只要知道住進醫院之後，就會有不止一個醫生來對你的病情進行治療，我們稱之為管理患者。每個治療小組要管理一、二十個患者，組裡不同級別的醫生在管理患者時的職責範圍也有所不同，下級醫生如果碰上自己處理不了的問題，就會及時向上級醫生彙報，由上級醫生幫忙協助決策。所以，雖不是每天都有主任醫生查房，但是通過下級醫生的病情彙報，主任醫生也都會對病情有所瞭解，並給出處理意見。可以說，只要你住進醫院了，就相當於每天都是專家門診。醫生每天的工作，要麼是在病房裡查房，要麼是在手術室開刀，要麼是在產房處理產程，要麼就是在辦公室裡整理病歷。所以，醫生辦公室就是患者疾病資訊的集散地。

蔣玉是我們組的住院醫生，博士畢業一年多，自己也懷孕了。本來住院部的工作要比門診辛苦些，每天查房巡視患者就要來回走相當於幾千公尺的路，還有手術要做，所以對於懷了孕的同事，一般都會安排去門診，這樣可以相對輕鬆一些。但蔣玉還是要留在病房，她嫌門診太缺乏挑戰性。

「門診患者大都太常規了，還是病房工作刺激，讓人興奮。再說，在門診萬一看著看著我這宮縮發動要生了，剩下掛了號的患者怎麼辦？在病房就好說了，還有你們這麼多人呢，我就管我自己，走到產房去生，組裡的患者就可以交給你們繼續管下去了。」

其實她還是有自己的小盤算的。

● 懷孕 32 週了還是沒熬住

有天上午，蔣玉拿著本住院病歷走進辦公室，邊搖頭邊說：「你說這男人就這麼忍不了嗎？老婆大著肚子需求還那麼旺盛，他是爽了，結果老婆破水了，現在是懷孕 32 週，肯定要早產了。」

我馬上明白了，她這是剛剛收了一個新住院的患者，應該是懷孕 32 週胎膜早破了，而患者胎膜早破的誘因也被她問出來了，就是之前有過性生活。不過，在詢問病史的時候，如果是身體上的不舒服，患者一般都會毫無保留地回答醫生，而像這種隱私的病史，其實並不是那麼容易被問出來的，所以我想聽聽她用了什麼辦法套出了這份「口供」。

「這種事兒都被你問出來了，他們就這麼老實地回答了？」

「當然老實回答了。大早上起來破水的，我總要問一問原因吧，是睡覺的時候自己就破了？他們倆就互相看看，支支吾吾說不上來， 我就猜了個差不多了。就問他們是不是有過性生活了，然後他們立刻承認了。」

「都還挺老實的。可是你怎麼知道她破水的原因就是這次性生活呢？孕期發生性生活又不是什麼錯事兒。」

我此話一出，蔣玉差點兒沒跳起來，眼珠瞪得滾圓：「什麼？懷孕的時候有性生活還不是錯事兒啊！」

「是啊，哪本教科書上說孕期禁止性生活了？」我發現她原來對孕期性生活的認識並不是很清楚，所以就一臉無辜地反問她。

「但教科書上也沒說孕期鼓勵性生活吧。事實上，教科書上壓根兒就沒提及孕期性生活的事兒。」

「但是我這裡英文電子版的《威廉姆斯產科學》，裡面很明確地說，對於健康孕婦，孕期不限制正常的性生活。」

「啊？老外也太重口味了吧！懷孕了還要求人家同房。」

「你看，這就是你偷換概念了吧。人家說不限制，但不是說要求或者鼓勵

啊。而且物件是健康孕婦，對於孕期檢查有問題或者高危險的孕婦來說，也是要禁止性生活的。而對於孕期檢查一直都正常的健康孕婦來說，如果有性需求了，是可以不進行限制的。」

「懷了孕還會有那方面的需求？那一定是你們男人，反正我是沒想法。」

「嗯，這倒是，女性懷孕以後性欲是明顯下降的。有人統計過，西方女性有 60%，東方女性超過 70%，孕期基本沒有性生活的需求。而且男性在老婆懷孕的時候，也有一部分人性欲會下降。」

「就是啊，老婆沒想法還要硬來，那豈不成禽獸啦！」

「所以啊，有些男人會在老婆懷孕的時候出軌。比方説你們家老張你就得盯緊點兒，他在一般外科，多少年輕漂亮的小護士在身邊張老師張老師地叫，很容易就出問題了。」

「去你的！他們一般外科每天累得像狗一樣，一台手術 3 小時，3 台下來就站不穩了。而且現在人手少，要 5 天一個夜班，想出軌也得有時間啊！我看你嘴裡就吐不出個象牙來！」

「好，那我就吐個象牙給你看看。你說這個患者胎膜早破的原因就是之前的性生活嗎？」

「我覺得就是。」

「就因為破膜之前有過性生活？可是事情發生的時間先後並不等於存在因果關係啊。未足月的胎膜早破最常見的原因應該是生殖道感染，如果有了感染，就算沒有性生活，可能上個廁所也會破膜。」

「嗯，也有道理，我還是給她做一個常規子宮頸分泌物的細菌培養吧。先去開醫囑了。」說著她就走出了辦公室。

● 孕婦的性事

關於孕期性生活的問題，國內或許因為受傳統影響，幾乎沒有人會向醫生提出這方面的諮詢，好像孕期嚴禁性生活是天經地義的事情。不要說國內了，就是在西方，主動向醫生提出這方面諮詢的人，也不會超過 20%。好像全世界的人對於孕期性生活的問題都諱莫如深。這裡就簡單説説這事兒，也算是滿足大家的好奇心。

根據醫學文獻顯示，大多數女性孕期性欲是會下降的，而中國女性性欲下降比西方女性更加明顯。關於西方女性的研究顯示，大約 60% 的女性懷孕期間性欲明顯下降，大約 30% 則變化不大；而關於中國女性的研究，目前只有香港的資料，超過 70% 的女性孕期的性欲是下降的，另外 25% 變化不大。這説明，從女性角度而言，大部分人懷孕之後對性生活的需求是下降的。而男性方面，超過 40% 的中國男性在老婆懷孕之後性欲有所下降，説明男性也是比較配合的。這是關於性生活需求方面的統計。

至於孕期是否可以有性生活，在其他國家的教科書中寫得比較清楚：如果

你是一個健康的孕婦，不存在各種懷孕的高危因素，那麼，在懷孕期間是不限制正常性生活的。老外確實比較開放啊！不過，他們之所以有這樣的結論也是有依據的。研究近 30 年的統計結果，都沒有證據顯示孕期性生活增加了健康孕婦的不良結局，因此，對健康孕婦來說也就沒有必要限制正常的性生活了。但是，還是要強調一下「健康」二字，如果有過早產史或者流產史，或者有胎膜早破、子宮頸機能不全、生殖道感染、多胎妊娠等高危因素的，都應該避免性生活。

看了上面說的孕期性生活無害的說法，可能會觸及某些深入骨髓的傳統底線，難免有些人無法接受。為了避免可能出現的誤會，還是要多說一句：孕期性生活無害，並不是說鼓勵孕期性生活，只是說對健康孕婦並不限制正常的性生活。如果心裡還是有所擔憂，就先忍著好了，生完孩子又是一條好漢！

06 / 關於流產這件事

初次懷孕對於大多數人來說，應該是驚喜、興奮，至少是一種愉悅的感覺，小倆口在一起憧憬寶寶是男孩兒還是女孩兒，長成什麼樣子。但人生不如意十之八九，有時也會有不和諧的音符出現，比如流產。

流產，可以說是懷孕早期一個常見的問題，大約 15% 的胚胎著床後會發生自然流產，其中最常見的恐怕就是先兆性流產、胎停育和習慣性流產了，這裡就分別介紹一下。

● 先兆性流產別緊張，很多人自己就好起來了

當你得知自己懷孕之後，有沒有感覺小腹有時候會隱隱脹痛，像是月經要來的感覺，或者小腹偶爾有像觸電一樣的輕微刺痛，或者偶爾有些腰酸、疲勞感？別怕，這些一般都不是先兆性流產。

先兆性流產，顧名思義，就是還沒有真正地流產，而是流產之前的一個過程。運氣好的話，先兆性流產好轉，就可以繼續妊娠下去；運氣不好，病情繼續發展，就不只是「先兆」，而是真正的流產了。

那麼什麼樣的症狀是先兆性流產呢？通常會有少量的陰道流血，比平時月經量要少，而且顏色偏暗，或者只是白帶中帶些血絲；另外，會有陣發性的下腹脹、下腹痛或者腰背部的酸痛。如果到醫院檢查的話，會發現子宮頸口還處於閉合狀態，超音波檢查顯示胚胎的發育和停經月份相符合。

有不少人一懷孕就喜歡測黃體素（progesterone），心想這黃體素非常重要，一定要越高越好，如果測出來的值比別人低，就擔心自己是不是要流產了。孕激素確實是懷孕所必需的，但是，究竟多高才算安全呢？醫學上沒有嚴格的標準。有些人測了黃體素值，覺得不夠高，就開始吃藥安胎，這就更沒有必要了。目前醫學上的共識是，只要沒有什麼症狀，超音波檢查可以看到胚胎心搏，那麼就沒有必要檢查黃體素。

如果出現了先兆性流產的症狀，先不要緊張，有千千萬萬的孕期姐妹都有和你差不多的經歷，大部分人後來都好起來了，所以精神上先放鬆，然後臥床休息，嚴禁性生活。注意觀察症狀變化，如陰道流血量、腰酸腹痛的程度，或者有沒有什麼東西經陰道排出來。休息一段時間後，尤其是超過一週症狀改善不明顯，那麼更建議複查超音波，瞭解胚胎發育情況。

那麼怎麼安胎呢？安胎的事兒咱放到後面再說。

● 一次胎停育不會妨礙你的做人計畫

所謂的胎停育，是一種通俗的說法，就是隨著停經月份的增加，胚胎停止發育了，一直就是一個空胚囊冒不出胚芽；或者冒出胚芽卻一直沒有胎心

搏動；或者之前有胎心搏動，後來又消失了。大多數胎停育的情況在醫學上被稱為過期流產（missedabortion），就是實際上已經流產了（胚胎已經停止發育），但是停止發育的胚胎卻一直滯留在宮腔中沒有排出去。

怎麼發現胎停育呢？比較困難。有些人的表現和先兆性流產很像，少量的陰道流血和輕微的腹痛，還有很多人壓根兒沒有任何症狀。我老婆的一個閨密，懷孕兩個多月，和我老婆通電話的時候說，自己的早孕反應時間好像特別短，不到一個月，前兩天突然就消失了，一點兒噁心的感覺都沒有了，人感覺很舒服。出於謹慎，我建議她去做個超音波檢查，結果顯示胚胎的心搏消失了。也就是說，短期內早孕反應突然消失，有可能也是胎停育的一種表現。

一旦發生了胎停育，說明流產已經發生了，是不可能挽回的，只是胚胎還沒有排出宮腔，那麼下一步就只好做人工流產了。所以，在胎停育的處理方法上，也沒什麼好選擇的。更多人關心的是，為什麼會發生在我身上，以及下一次懷孕該如何預防。

關於早孕期流產的原因，最多的就是胚胎本身的染色體異常，有超過一半的早期流產是這個原因，甚至有統計顯示其占到 70%。有人說我和我老公都是正常人，家裡也沒有遺傳疾病，怎麼會懷上染色體異常的胚胎呢？父母中有染色體異常遺傳給下一代固然是一種原因，但更多的可能是其他的環境因素，懷孕早期不經意間接觸到了化學製劑、藥物或者放射物，使受精卵在分裂的時候出現了突變。另外，孕婦懷孕時的年齡也是一個獨立因素，年齡越大，尤其是超過 35 歲，即使非常注意，胚胎發生染色體異

常的風險也比適齡產婦要高。除了胚胎本身的因素，還有一些母體的因素，如內分泌的原因、免疫方面的原因、感染或者生殖器官的異常等。如果只是發生了一次自然流產，在實施下次做人計畫時大可不必心驚膽戰。自然流產也沒法做到非常好的預防，下次備孕和懷孕初期，盡可能地避免接觸致畸環境和藥物就可以了。就把那次不愉快的經歷當作一次偶發事件忘記吧，大多數人（超過 75%）下一次懷孕就正常了。比如我老婆的那個閨密，經歷過一次胎停育之後，後來也正常懷孕，現在寶寶已經一歲多了。

● 面對習慣性流產要堅強

確實，也有少數女性，經歷過一次不愉快的自然流產之後，又經歷了第二次、第三次，給以後的生活帶來了巨大的壓力。醫學上把有三次或者三次以上自然流產的情況稱為習慣性流產，它的發生率在 1/300 ～ 1/100。

發生習慣性流產和偶爾一次自然流產的原因是差不多的，只是各種原因所占比例不同。如果一次自然流產，有可能是胚胎自身問題，如染色體異常；但如果總是自然流產，那麼胚胎自身原因所占的比例就會有所下降了，除非父母親本人也有染色體的問題。在習慣性流產的患者中，子宮異常的比例增高，如子宮縱隔、子宮黏膜下肌瘤等，同時免疫因素所占比例上升。對於習慣性流產的治療，關鍵在於尋找原因，不過遺憾的是，在習慣性流產治療方面的進展一直比較緩慢，且不說有不少情況是找不到原因的，還有些情況，就算找到原因了，現在的醫療水準卻還是無能為力。

其實，習慣性流產對患者的打擊，更多存在於心理上的。俗話説，事不過三，當有三次自然流產的經歷之後，即使是找到了病因，進行了針對性的治療，下次懷孕的時候，緊張情緒也還是在所難免，這真的是人之常情。

在這裡再説一個醫學上的統計資料，即使是有三次自然流產的經歷，第四次懷孕發生流產的可能性也是小於 1/3 的，就是説有超過 60% 的習慣性流產患者，下一次懷孕就成功了！雖然説「未曾深夜痛哭過的人，不足以談論人生」，和正在經歷習慣性流產的患者的心理壓力相比，資料總是蒼白的，但是，希望這些資料可以給你內心一點兒支持。

● 真的，大部分早孕流產沒必要安胎

風靡一時的電視劇《後宮甄嬛傳》裡，很多重要事件都是圍繞一個話題展開的——懷孕！後宮嬪妃們為了讓自己懷孕、讓別人流產，祭出各路法寶，要麼可以安胎，要麼可致流產，相生相剋，好不熱鬧。此劇播出的時候我老婆也在懷孕，情緒本來就不大穩定，看了這些情節後更是疑神疑鬼，很嚴肅地諮詢我這些藥物的功力。我説就算是墮胎藥有那麼靈吧，這安胎藥的功效還真不一定有那麼強呢。

可能是受傳統中醫的影響，也可能是出於對肚子裡寶寶的關愛，很多孕婦懷孕之後，不分青紅皂白，就想先來一副安胎藥，好像胚胎靠自己著不了床，得靠著安胎藥像萬能膠一樣給粘到子宮上。這懷孕不是生病，它就像吃飯睡覺一樣，是生理現象，如果正常懷孕了，絕對沒必要用安胎藥！好吧，就算懷孕是正常的生理現象吧，就算正常懷孕不用安胎吧，那如果

發生先兆性流產了呢？都已經可能要流產了，這總不是正常生理現象了吧，這總應該安胎了吧？

絕大多數情況下，也不應該！前面已經講過，如果早孕期自然流產的主要原因是胚胎本身的染色體異常，那就說明胚胎有問題，此胚胎沒有能力發育成正常的胎兒，於是就會流產，這其實是一個自然淘汰的過程。這種情況何必要去保呢？費了半天勁兒，就為了保下一個有先天缺陷的胚胎嗎？顯然，這種情況是沒有必要安胎的，而且這種情況占早孕期自然流產的大約 70%。更重要的是，如果你安胎的話，也不知道自己是不是正在保護一個染色體異常的胚胎。

可能有人會覺得，胚胎是不是異常現在不好說，但是以後還可以做染色體檢查，如果有問題還可以再引產。但是，如果胚胎本來是正常的，現在不用安胎藥，那不就留下遺憾了嗎？聽上去有些道理，那麼就再來看看安胎藥吧。

現在醫院裡用得最多的安胎藥就是孕激素，通常是黃體素（progesterone）。理論上講，黃體素安胎只是補充相應的激素，只針對內分泌原因，而這種原因造成的流產，只占了不到 5%。是的，你沒看錯，比例非常低，100 個人當中，只有不到 5 個人是因為內分泌原因，即黃體素不足而造成的流產，這些人用黃體素安胎是有效的，其他人無效。

你可能會說：咦？不對啊，醫院裡好多先兆流產的人都配了黃體素，而且用黃體素安胎成功的遠不止 5% 吧？是的，遠遠超過 5%，只不過超出來

的這些人，即使什麼藥都不用，也照樣可以安胎成功。因為根據醫學上的統計，有先兆流產症狀的人占懷孕總數的 30% ～ 40%，是遠多於最終實際發生流產的人的，她們中的大多數，不過就是有了這麼一個症狀而已，休息一段時間之後，也就好起來了。這段時間裡，打消顧慮、放鬆心情非常重要，而黃體素，其實就是充當了安慰劑。

所以，國際權威的婦產科學教科書《諾瓦克婦科學》中明確指出：目前尚無有效治療先兆性流產的辦法，不應該使用黃體素或鎮靜劑，而應該向所有患者提供諮詢，消除顧慮。

至於其他花樣百出的各種安胎藥，就都省省吧。你要相信肚子裡的寶寶，他若健康，你不用保，他也依然可以茁壯成長！

07
孕期用藥很糾結

整個孕期九個多月，難保沒點兒小病小災的。得病了就要考慮吃藥的問題，而懷孕以後再用藥，就不得不考慮會不會對孩子產生什麼不良影響。

● 吃飯比吃什麼藥都強

猴子嫂剛懷孕的時候，就碰上件麻煩事兒。那天猴子哥又打電話來了：「順子，上次幸虧聽了你的話，沒去瞎折騰，你嫂子現在懷孕啦！」

「哈哈，我就說吧，沒必要擔心。」

「現在又出新問題了，不擔心不行啊。」

「又怎麼了？」

「你嫂子前段時間感冒了，吃了包感冒藥，現在發現懷孕了，是不是會對孩子有影響啊？」

「什麼時候吃的藥啊？」

「月經過了半個月吧，我估計著就是那個時候懷孕的。」

「哦，那藥是沒什麼問題。如果那個時候吃藥產生影響了，一般這次就懷不上了，一旦懷孕了就說明藥物沒產生影響。不過現在早孕期比較敏感，要讓嫂子注意點兒，別再感冒了。」

「不是說好多藥都對孩子有影響嗎？我查了查那個藥的說明書，寫的可是孕婦慎用啊。」

「沒關係，就算是可能有影響，也不至於為了這一顆藥，就把孩子打掉吧。再說了，你吃藥的時間比較早，如果有影響直接就會流產了，沒有流產就說明沒產生影響。」

「那好，既然你都這麼說了，那我就放心了。那現在懷上以後，要再吃點兒什麼安胎藥之類的嗎？」

「哎呀，猴子哥啊，你剛說了好多藥對孩子有影響，之前吃了顆感冒藥就緊張得不行了，現在怎麼馬上又開始討藥吃了？」

「安胎藥不一樣啊，那是保護胎兒的啊。」

「人家好好的你安什麼胎啊？安胎藥就不是藥了？藥是三分毒，安胎藥也有可能對孩子產生影響啊。」

「啊？安胎藥也有影響？有影響還能叫安胎藥？」

「對啊，所以說懷孕前 3 個月儘量不安胎，只要胚胎夠健康就沒問題，真的要流產了，那多半也是胚胎本身有問題了，你安了反倒不好。」

「哦。你嫂子現在倒是沒什麼異常情況，那就不用吃藥了是吧？」

「吃點兒維生素吧，補充一下葉酸，可以預防孩子的神經管畸形，其他藥就都不用了。」

「哦。葉酸已經在吃了，其他就不用補了吧？」

「不用了，吃飯！多做點兒有營養的，吃飯比吃什麼藥都強！」

● 「感冒」可能比「感冒藥」更危險

猴子哥的擔心還是有一定代表性的，不少人剛懷孕的時候沒有注意到，結果不小心吃過幾包藥，當得知自己懷孕之後，就開始各種糾結，不知道對這個孩子該怎麼辦。

其實藥物也是分類的，不是說懷孕了就什麼藥都不能用了。醫學上把孕期用藥分成 A、B、C、D、X 幾類，具體可以看下面的圖表。

孕期用藥分類

分類		安全性
A 類	有證據證明孕期服用是沒問題的	安全
B 類	沒有證據證明有問題	安全
C 類	動物實驗對胚胎有致畸作用，但是沒有明確人類實驗的資料	權衡對母親的獲益度，看是否應用
D 類	有證據證明對胎兒可能有危害	除非為了挽救母親生命，否則一般臨床禁用
X 類	有實驗證實對胎兒有危害	禁用

除了藥物分類，還有一個就是孕期用藥的時間問題。懷孕時間是很長的，不同時間用藥的影響也不一樣。著床 14 天以內，如果藥物發生影響，那麼會直接作用到胚胎細胞上，造成胚胎的直接死亡；或者是影響的細胞不夠多，而不會有什麼嚴重後果。這在醫學上被稱為「全或無」的效果。猴子嫂就是這種情況，所以我說，要麼就是這次沒懷上，如果成功懷上了，那麼就說明藥物沒有什麼影響。而著床 14 天到 3 個月，這段時間是各系統分化的時間，如果有影響，那麼是致畸最嚴重的時間點，所以一般認為懷孕前 3 個月是致畸的敏感時期；3 個月以後，各系統分化基本結束，就剩發展長大的過程了，這個時期的致畸作用又有所下降。

所以，如果孕期不小心用了什麼藥物，或者將要服用什麼藥物，先不要擔心，可以找專業醫生諮詢一下，判斷可能會造成的影響。

另外，我還特意向猴子哥強調，儘量注意別讓猴子嫂再感冒了。因為感冒這件事對胚胎的影響，恐怕不比藥物來得小。因為，感冒的原因大多數是病毒感染，而且，很多種病毒感染的時候，人體的表現和感冒差不多，醫學上稱之為「感冒樣表現」。所以，如果鼻塞、頭痛、發燒，看上去像是感冒了，但實際上不一定是感冒病毒引起的，而可能是其他什麼病毒微生物，這些微生物可能會對胚胎造成影響。女性懷孕之後，免疫力會下降，所以剛懷孕的時候要當心，儘量不要感冒。

08
舌尖上的孕婦

看各種影視劇，如果年輕的育齡期婦女做出了乾嘔的動作，那麼基本就是在告訴觀眾，這小姐懷孕了。表示懷孕的方式可以有很多，比方說拿著兩條橫線的懷孕試紙，或者告訴觀眾自己兩個月沒來月經了，不過這些方法確實都沒有乾嘔有氣勢。

我老婆懷孕的時候，早孕反應比較明顯，有一次她提出要去吃以前非常愛吃的疙瘩湯。我們來到餐廳，剛進門沒半分鐘，老婆就「嘔」的一聲，捂著嘴扭頭跑出飯館。看到這一幕，餐廳服務生都驚呆了，半晌冒出一句：「什麼情況？」我估計他們以為我老婆是仇家派來砸場子的吧，一進門就做嘔吐狀，純粹就是來噁心人的啊。我趕緊賠笑臉：「不好意思，不好意思，懷孕了。」然後一溜煙的趕緊跟著出去。你看，這種視覺衝擊力，觀眾自然印象深刻。當然了，還有一個原因，就是早孕期的噁心嘔吐反應，是懷孕前 3 個月最常見的症狀，被稱為早孕反應。

● 懷孕早期反應不重沒關係，能吃就行

早孕反應的知名度還是比較高的，大多數人都知道懷孕以後會有噁心嘔吐的反應。不過，並不是所有人都會有這種症狀，即使沒有早孕反應，只要胚胎發育正常，也不是什麼壞事兒，起碼自己舒服了不是？大多數人的早

孕反應不是很嚴重，只是乾嘔，不至於吃什麼吐什麼。只要還吃得進東西，通常是不用特殊處理的，只要少量多餐，挑自己喜歡、合胃口的東西吃就可以了。一般十三、四週之後，症狀都會自行消失。還有小部分人的早孕反應非常嚴重，不光食水不進，還嘔吐得厲害，這種情況就應該到醫院去檢查一下，看看是不是有脫水、電解質紊亂的情況。嚴重的早孕反應醫學上稱為妊娠劇吐，有些是需要住院治療的。

大多數人的早孕反應只是孕婦的一些比較輕的噁心嘔吐症狀，吐的東西也不多，通常問題都不大。但是，這確實不是一種舒服的體驗，因為它除了讓人感覺不適之外，還嚴重影響食欲。在孕婦和家屬眼裡，吃，絕對是一件大事兒！親戚朋友裡只要是懷了孕來找我諮詢的，個個都要問的一個問題就是：懷孕期間吃東西要注意什麼？

關於孕期飲食營養方面的書籍，種類實在是不少。很多書裡還列出各種圖表，向孕婦介紹幾大營養素、各種食物所含營養物質數量、孕期各種營養物質需求量的變化等。這些內容有來源、有資料，科學而且專業，只是有一個問題——不實用。我剛吃了一個煎餅果子，你能說說這裡面有多少熱量、多少蛋白質嗎？我今天接下來還要怎麼吃啊？孕婦可能更關心的是這些。即使你報出的資料再詳細，恐怕也不一定能解答得了這些問題。

那麼孕期飲食到底該注意些什麼呢？這可是個大學問，控制得不好，對以後的分娩都會有影響。

● 孕期飲食的幾個重要原則

我個人認為，飲食上最大的原則應該是雜食，專業術語說叫作注意膳食平衡。醫生說吃魚好，可以補充優質蛋白質，那我就光吃魚；醫生說吃新鮮蔬菜好，可以補充維生素和微量元素，那我就只吃蔬菜。沒有哪種食物是可以包含人類所需的全部營養的，吃飯不是吃藥，各種食品都應攝取一點兒，相互補充，才有助於滿足人體對營養物質的需求。

當你吃的種類多起來了，那麼每種食物攝取的量其實也就不會很多了，而且，還有個比較重要的原則就是少量多餐，可以一天吃五六頓飯。但是，這個原則經常會被扭曲，很多孕婦只是做到了多餐，而沒有少量。

很多人懷孕中後期胃口很好，每頓飯都照常吃，甚至飯量有增無減，然後還會再加點兒水果、零食之類的，這樣每天吃好幾頓，每頓的量卻不控制，結果造成了體重增幅過大。少量多餐可以減輕消化系統的負荷，就好像讓你一口氣跑 1000 公尺會氣喘吁吁，但是如果讓你分成 5 次，每次只跑 200 公尺，那麼你可以輕鬆做到。少量多餐差不多就是這個意思，但是總量不能因為多餐而增加。

另外，老人常說的「管住嘴、邁開腿」對孕婦也同樣適用，尤其對 GDM（妊娠期糖尿病的英文縮寫）的孕婦，每天適量的戶外活動是有好處的。別覺得妊娠期糖尿病離你很遠，以目前的診斷標準，發病率大約在 20%，就是 5 個人裡面有 1 個。而且，就算你不是妊娠期糖尿病，孕期對胰島素的敏感性下降，本身就有高血糖傾向，控制飲食、少食多餐、適量運動是有

好處的。

再一個重要原則，就是重視體重的管理。

現在很多女性平時很注意身材，每天都在說要減肥，但是一懷了孕就放開了吃，覺得吃得多營養才夠。其實，營養在於平衡，不是說你吃得多了就有營養了。而且，很多情況下，讓你胃口很好的東西，不見得就是很有營養的東西，它們可能更多的只是提供了糖類和熱量，而這些其實是營養物質中最廉價的，很多食物都可以提供，而且孕期也大可不必增加很多。

孕期體重增加多少算好呢？當然也要看你懷孕前的身材體形，如果孕前就偏胖了，那麼孕期的體重增加就要減少一些；孕前偏瘦的話，孕期體重就適當多增加一些。以東方人的體形，育齡期婦女肥胖的還是占少數，這個肥胖是指 BMI 大於 26，就是體重除以身高的平方，單位是 kg/ m2。這麼算起來，身高 165 公分，體重可以到 70 公斤，大部分中國年輕女性都不會超過這一標準。而如果 BMI 小於 19.8，則認為體重偏輕，相當於 165 公分的人體重不到 50 公斤，這種女性孕期就要適當多增加點兒體重了。對於 BMI 在 19.8 ～ 26 的大多數人來說，孕期體重總的增加量控制在 23 ～ 32 公斤是比較好的，數值還是比較好記的。而每週體重的增加，早孕期比較少，整個早孕期的增量在 1 ～ 2 公斤；而妊娠中晚期，每週的體重增量在 0.15 ～ 0.25 公斤就差不多了，記起來也很容易，「半斤八兩」嘛！

還有個原則，就是讓孕婦吃她愛吃的東西！這句看上去像廢話，但是，有

些人因為過於強調「營養」，而忽略了孕婦的胃口。孕婦已經不是小孩子了，不至於有嚴重的偏食，但是她們有自己的口味偏好。有些家屬就很著急，說醫生推薦的好東西，孕婦好像不是很感興趣，有些會吃，有些就不愛吃。不愛吃就少吃，食物不是藥物，沒有不可替代性，不喜歡吃饅頭可以吃米飯啊，食品種類如此豐富，何必過分強調某一種呢？尤其是早孕期，不少人有噁心嘔吐的早孕反應，這種時候，也不用太在意營養均衡了，能吃進去就是勝利了，所以，就揀著孕婦愛吃的東西做點兒，對胃口最重要。

● 食物的挑選方面，別為「忌口」瞎操心

前面已經強調了，飲食的關鍵在於雜，不是說醫生給你推薦了什麼你就光吃什麼，沒推薦的就不碰。醫生推薦的食物，通常是所含營養物質種類比較多，而且又是孕期需求量比較大的，比如牛奶。這是孕期非常好的一種飲料，甚至有些研究機構推薦孕婦每天喝 1 公升牛奶。再來就是魚蝦、肉類和蛋，含有比較豐富的優質蛋白和微量元素，而且是比較容易吸收。當然，有些人對海鮮過敏，或者是素食主義者，那麼，如果你肯喝牛奶的話，一般也可以獲得足夠的營養物質。還有新鮮的蔬菜水果，對提供微量元素和維生素幫助很大。另外有粗糧，如玉米、地瓜、穀物之類，可以提供比較多的微量元素，而且對保證孕期大便通暢很有幫助。

因為孕期激素的原因，胃腸道蠕動是受到抑制的，所以不少孕婦大便不是很通暢，適量地食用粗糧會有好處。而且，粗糧中的糖類不是很容易被吸收，既可以填飽肚子，又不會讓體重增加太多，是妊娠期糖尿病孕婦的首

選主食。

說完推薦的食品,再說說所謂的禁忌。可能受中醫影響,中國人很喜歡談論飲食禁忌,懷孕之後就更要注意了。不過,在營養專家眼裡,他們認為在指導飲食的時候,應該強調進食哪些食品,而不應該把重點放在禁止攝入哪些食品上。尤其在孕期,強調食譜的廣和雜,就更不會強調所謂的飲食禁忌了。比如,有人說孕期禁食螃蟹、荔枝之類,會流產。

你想一下,那些意外懷孕的人,害怕手術,想要藥流,結果吃了藥之後,還有至少 10% 的人工流產失敗。這可是吃藥啊!如果吃個螃蟹、荔枝就能流產了,那以後誰還怕意外懷孕啊?意外懷孕怎麼辦?太簡單了,來斤荔枝、兩隻大閘蟹,既飽了口福,又順利流產,還沒副作用,那以後沒人避孕了!孕期飲食,種類要多,但是每種都不一定要吃很多,再好的東西你猛吃,也會出問題。

不過,飲食上也確實有些需要注意的地方。比如,應該儘量避免食用半生的牛肉、雞蛋、貝類和生魚片,還有未經消毒的牛奶。因為這些食品可能是李氏桿菌的感染源,可以導致很差的婦產科結局,如胎死子宮內。半生的牛肉,那麼吃牛排要注意了;另外生魚片也要儘量避免。饕客們也甭和我爭論所謂食材來源,這些是寫入《牛津婦產科學手冊》教科書的,其實不就是熬個孕期、哺乳期嗎?忍一下,也就那麼一年多的時間而已。

最後把酒單獨列出來,是為了強調孕婦最好不要喝酒。不管酒的種類,啤酒也好,紅星二鍋頭也好,人頭馬 XO 也好;不管你平時酒量如何,「三

種全會」也好，千杯不醉也好，孕婦最好不要喝酒，一滴也別碰。因為酒精不是孕期所需的營養物質，而且是有證據的致畸物。雖然具體的致畸劑量目前還沒有定論，但是，就這麼一個一點兒好處都沒有的東西，你喝它幹嘛！

● 孕期飲食的常見誤區

不要以為不吃糖就是控制飲食了。

糖類廣泛存在於各種食物之中，你吃進去的澱粉也是糖類，雖然你沒有直接吃牛奶糖，但是你吃的饅頭裡糖分含量也不少。孕婦都是成年人了，有幾個整天嚼著糖果的啊，大多數是「不經意間」吃進去的。比如，有醫生推薦吃新鮮水果，於是就每天使勁兒吃蘋果、桃子、梨，你覺得是在補充維生素，其實補的最多的是糖！一般認為，孕期水果的攝入，每天大約一個蘋果的量，而不是越多越好，因為維生素也不是就水果獨有的，而水果吃多了糖分就太多了。

「懷孕少喝水，否則會水腫。」其實，是不是水腫和腎功能有關係，當然，孕晚期有人也會有一點兒生理性的水腫，但這大都和喝水沒關係，限制水的攝入，不會避免水腫的發生。所以，孕期不要人為限制飲水。

懷了孕是大事兒，有些人為了不讓孩子輸在起跑線上，懷孕期間各種進補。其實，大多數營養物質，孕婦都是可以通過飲食攝入的。只要可以正常進食，食物充足的孕婦，通常不用再額外補充過多的物質。所以，一些

孕婦一懷孕就要補這個補那個，真的沒有必要。但是，也確實有幾種營養成分，因為孕期的需求量明顯增高，而食物中可以攝取的量可能不能滿足需要，所以需要額外補充。目前比較明確的，一個是葉酸、一個是鐵。

孕期的飲食和體重控制確實是一門學問，目前很多研究都想知道孕婦孕期理想的營養物質攝入是怎樣的。很多醫院也開設了孕期的營養門診，對每日膳食進行指導。不過，人畢竟不是機器，你不能像為汽車加油一樣去控制一個人的生活飲食，你不能每天做飯都拿個天秤計算著炒菜、倒油、擱鹽，希望這些大方向上的建議，對準媽媽們的孕期飲食有所幫助。

第三章

孕期風險早知道

懷孕是一個生理過程，就像吃飯睡覺一樣，所以懷孕之後要放鬆心情，不必太過緊張焦慮。但同時，懷孕也是一個特殊的生理過程，在這個時期，女性身體發生了一系列改變來適應孕育胎兒這項任務。有些人覺得自己平時身體很好，懷孕以後也不太當回事兒，這樣容易出問題。所以，用老一輩常掛在嘴邊說的話就是，對待懷孕這件事兒，要在戰略上藐視它，在戰術上重視它。既要放鬆心情，不至於太過緊張，又得按要求進行孕期產檢，出現問題及早發現。

01

都是糖尿病惹的禍

住院病房裡的醫生，工作時是一個團隊，平時更像一個大家庭。上一次講到住院病房的醫生要分成不同的治療小組，每個小組裡有不同級別的醫生。這裡的醫生級別，和一些行政單位裡的級別差別很大。

主任醫生、主治醫生、住院醫生，這是職稱上的區別，當然也代表了年資上的差距，但是，大家都參與一線的醫療工作，不管職稱高低，大家都是一條戰壕裡的戰友。就好像雖然你是連長，但是在前線陣地上，也照樣和普通士兵合抽一根煙，級別的高低不會影響戰友間的情誼。所以，雖然正式場合，比如，開會或者當著患者面教學查房的時候，都是張醫生、李醫生地稱呼，但是平時在辦公室裡，更多的都是以兄弟相稱。比方說，比我年資高的叫我順子，年資比我低一些的就叫我雞哥，大概是雞哥比順哥更有氣勢些吧。我們另一個小組的主治醫生更有意思，他叫陳小春，比我早工作好幾年。上大學的時候正值電影《古惑仔》系列流行，所以他就有了「山雞」的外號，並一直延續到工作以後。一直到 2005 年，「超級女聲」橫空出世，於是陳小春就有了現在的外號—春哥。甚至連他們組的主任也這麼稱呼他，大家都說「信春哥，得永生」。

● 孕婦請客吃甘蔗啦

有一天，懷孕的蔣玉買了甘蔗、草莓請大夥吃，同時高調宣佈：「姐OGTT 通過啦！」這 OGTT 不是什麼資格考試，而是檢查糖尿病的一種試驗，稱為口服葡萄糖耐量試驗。方法是在懷孕 24 ～ 28 週以後，孕婦空腹喝下含有 75 克葡萄糖的糖水，分別抽取空腹、服糖後 1 小時、2 小時靜脈血，檢測血糖含量，用以診斷妊娠期糖尿病。蔣玉說的 OGTT 通過，指的就是這 3 個血糖指標全部正常。

「呵，OGTT 通過了就請吃甘蔗啊，你也太驕傲了吧！」我邊吃著草莓邊奚落蔣玉。

「那當然了，沒有妊娠期糖尿病我驕傲啊！之前我可擔心了，就怕自己糖尿病了，要嚴格控制飲食，這也不能吃，那也要限制，讓我這麼一個饕客情何以堪啊！」

「那你就打算天天啃甘蔗了？」

「好了，雞哥，我懂，就算不是妊娠期糖尿病，我也不會敞開了吃啊，孕期的飲食控制原則我還是知道的。就是今天做了 OGTT，結果出來實在是高興啊，情不自禁要放縱一把。其實我這也就是叫花子撓癢癢——爽一下算一下吧，吃了這次以後就不敢再吃了。都請你吃水果了，你就別那麼多廢話了吧！」說著，蔣玉狠狠地咬了一口甘蔗。

可能有人會不解了，不就是沒有得糖尿病嗎，需要這麼興奮嗎？

恐怕還真需要，因為妊娠期糖尿病的發病率實在太高了。以目前的診斷標準，大約 20% 的孕婦可能被診斷為妊娠期糖尿病，每 5 個孕婦當中就有 1 個是糖尿病，這是一個非常可怕的發病率。當然了，這麼高的發病率，和現行的診斷標準是分不開的。要是用過去的診斷標準，也許妊娠期糖尿病的發病率還不到 10%，但現今換了新標準，發病率就直接翻倍了。因為新的標準更加寬鬆，標準值定得更低：同樣的血糖值，放在 5 年前是正常的，但是現在可能就是糖尿病了。

其實，專家組在開會制定診斷標準的時候，不同的專家之間分歧也很大。一方認為，把標準定得太過寬鬆，就會有更多人被診斷為妊娠期糖尿病，那麼就會有更多孕婦在孕期被進行干預，對於一些孕婦來說可能有治療過度之嫌；而另一方認為，隨著環境和飲食結構的變化，糖尿病的發病率確實是升高了，而且影響也增大了，如果還是用過去的標準，很多本來是糖尿病的患者會因為漏診而得不到應有的處理，從而影響妊娠結局。經過反覆爭論修改之後，專家們最終還是達成了一致，制定了目前現行的這一診斷標準，以此為依據排查妊娠期糖尿病。雖然新的標準比過去寬鬆了，但是因為醫學干預主要通過飲食控制和運動鍛鍊，而非藥物，因此也有利無害。

不管對糖尿病的診斷標準態度如何，但有一點是所有專家意見都一致的，那就是，無論怎樣的診斷標準，一旦診斷出了妊娠期糖尿病，就應該給予足夠的重視，採取必要的干預措施。

專家和醫生為什麼會對妊娠期糖尿病如此重視呢？那就要看一下妊娠期糖尿病會對懷孕帶來哪些影響了。

● 婦產科夜班就是一個江湖神話

妊娠期糖尿病對懷孕最大的影響就是容易造成胎兒過重。醫學上把出生體重超過 4000 公克的寶寶稱為「巨嬰」，其實都不用到 4000 公克，寶寶3500 公克左右的分量，媽媽生起來就夠費勁兒的了。而有糖尿病的媽媽生的寶寶，還胖得有個特點，就是腦袋不是特別大，但是身上的肉特別多。你可能會想，這樣的寶寶肥嘟嘟的，多可愛啊。先別賣萌了，這哪是可愛啊，根本就是可怕！

在蔣玉慶祝 OGTT 通過的「甘蔗宴」上，她講了自己剛開始獨立值夜班時的一次驚險情形。

在我看來，人類所有的工作中，論工作強度、緊張程度和心理壓力，婦產科夜班絕對可以排到前三名。忘記在哪本書上看到的，說斯巴達人是天生善戰的民族，男人個個都是優秀的戰士，他們無論什麼時候從睡夢中醒來，都可以馬上拿起武器投入戰鬥。當時讀到這一段，我頗感震驚——「無論什麼時候從睡夢中醒來」，我那時可是鬧鐘即使響三遍都還睜不開眼睛呢，那得是怎樣的意志和戰鬥力，才能做到「馬上拿起武器投入戰鬥」。啊！直到後來，我做了婦產科醫生，值了醫院夜班，我懂了：對於一個婦產科醫生來說，夜班就是江湖中的一個神話，一個你逃不掉的輪迴！

每個值過夜班的醫生都深有體會：黑夜的時間總是要比白天長。而且，夜班的值班人手肯定比白天要少，更要命的是，產婦的產程也似乎更容易在晚上發動。婦產科醫生的每個處理，都至少要涉及一大一小兩個生命，所以，婦產科的每個夜班，在醫生看來都像是一場戰鬥，而且是一場慘烈的戰鬥。因為每次夜班結束之後，你高度繃緊的神經突然鬆弛下來，就會有一種靈魂出竅的感覺，甚至都不知道自己是怎麼拖著疲憊的身軀回到家的，正如一場慘烈的戰鬥結束，那些倖存的戰士們的感受。

婦產科值班醫生也分級別，我們稱一線二線三線。一線醫生就是在最前線的，所有患者的大事小事都會向他反映，由他判斷處理，如果感覺自己處理不了，就向上級彙報。而婦產科夜班的主戰場就是產房，那裡是婦產科醫生和助產士的陣地。所以，一線的主要任務就是「守產房」，像戰士鎮守陣地一樣守衛在產房裡。通常情況下，從下午 5 點到第二天早上 8 點，一線是沒有機會闔眼的，他的全部時間會被產程處理、接生和手術占據。當然了，也有運氣好的時候，可能哪天產房會有點兒空閒，一線竟然有時間躺一會兒，不管是椅子上也好、推車上也好，起碼身體和大地平行了，這就是上天最好的眷顧了。不過，這時候也需要你練就一身斯巴達戰士那樣的神功——可以隨時隨地睡著，而「無論什麼時候從睡夢中醒來，都可以馬上拿起武器投入戰鬥」。有的人就沒有這本事，大多數人精神緊張的時候是根本睡不著的，還有的從睡夢中被叫醒後渾身不自在，所以即使碰上有點兒空閒的夜班，也只好通宵不睡。

蔣玉就是那種睡不著覺的人，不過她覺得，如果能躺著也算不錯了，就算睡不著也能歇歇。

● 寶寶太胖並不是件好事

有一次，就是蔣玉剛獨立值夜班不久，值一線班，守產房。後半夜逮了個小憩時間，跑到產房值班室床上躺下了。閉上眼睛還沒多久，手機就響了，蔣玉摸起電話，不忍心完全睜開眼睛，只是微微抬起眼皮，按了通話鍵，自己嘴裡的「喂」還沒説出去，就聽到電話那頭護士已經變了音的尖叫聲：「蔣玉，快！肩難產！」

肩難產！這三個字足以徹底喚醒所有睡夢中的婦產科醫生，蔣玉都沒掛電話，就從床上跳下來，結果一不小心還摔了一跤，用她的話説，她是連滾帶爬衝進分娩室的。

分娩室裡已經圍了不少人了，有新生兒科醫生在準備搶救器械，有護士在連接吸氧管。接生台上，產婦在抱著大腿向下用力，臉和脖子憋得通紅，寶寶還只有腦袋露在外面，身子都還在陰道裡。台上已經上了兩個助產士，一個在保護會陰，另一個拉著寶寶腦袋往外拔。

一看這情形，蔣玉馬上衝到接生台前，問助產士：「側切了嗎？」「切了。」台上助產士回答。接著，蔣玉在產婦恥骨聯合上方用力往下按，同時指揮護士：「快，你們過來幫著一塊兒往上屈大腿！都肩難產了，你就別保護會陰了，幫忙一塊兒先把孩子拔出來再説！」

大家忙活一陣，寶寶身子還是沒出來。蔣玉更著急了：「手套給我！趕緊幫我給二線打電話，繼續叫人！」

蔣玉快速地戴好手套，一隻手伸進陰道裡勾寶寶肩膀，另一隻手繼續在恥骨聯合上方用力往下按。

這一招終於有效了，用蔣玉的話說，她也不知道是怎麼把寶寶摳出來的，只是感覺自己伸進陰道裡的兩個手指頭都快被擠斷了。

「寶寶生出來有 4100 公克！渾身都是肉啊！不過，我運氣算不錯了，寶寶只是鎖骨骨折，而且後來隨訪複查也完全康復了。新生兒科的醫生搶救復甦的寶寶也哭出來了，兩個胳膊的神經也沒損傷，就連產婦的會陰都沒有裂得非常嚴重，肛門括約肌還是完整的呢。」蔣玉一邊啃著甘蔗，一邊做最後的總結。

「那你們之前沒發現胎兒比較大嗎？」

「肚子是有點兒大，不過那是個經產婦啊，第一胎 3500 公克生得很順利，而且這一胎超音波查的雙頂徑也不是很大。其實，我知道這個人是妊娠期糖尿病，所以之前已經關注她了，如果產程進展有問題可能就讓她做剖腹產了。但是，在胎頭出來之前，整個產程都一直特別順利，像教科書一樣順利！要不然，我也不會去躺著啊！」

「確實防不勝防，這就是妊娠期糖尿病啊！」聽我說出這幾個字，蔣玉本來放進嘴裡的甘蔗停了一下，然後她看了我一眼，狠狠地咬了下去：「我就今天吃這一回吧！」

蔣玉碰上的這驚心動魄的一幕就是肩難產，通俗的說法就是寶寶的頭生出來了，但是肩膀卡住了。這對母嬰雙方都有巨大風險，對產婦來說，產道裂傷風險大大增加；而對寶寶來說影響更大，像上面說的鎖骨骨折、臂神經損傷，還可能會有顱內出血、新生兒窒息，甚至胎心消失的狀況。肩難產可能很多婦產科醫生都碰上過，這事兒怕就怕在之前可能毫無徵兆，讓你完全無法預測；而且不僅僅是巨嬰會發生肩難產，正常體重的胎兒也會發生肩難產，只是發生率低一點兒，這些後面還會講到，這裡主要講妊娠期糖尿病。

有糖尿病的孕婦屬於肩難產的高危險群。我們知道，對於新生兒來說，身體最大的徑線應該是腦袋，小寶寶都是頭大身子小的，所以，在出生的時候，只要腦袋能過得去的地方，身子也都能過去。但是，前面說過了，糖尿病孕婦懷的寶寶，有一個特點就是身上的肉多，這時候，肉嘟嘟的就不是可愛而是可怕了。因為堆在身體上的肉會增加身體的徑線，結果就會出現腦袋已經生出來了，但是把肩膀卡在裡面，從而形成肩難產。據統計，如果妊娠期糖尿病同時又合併巨嬰的話，分娩時發生肩難產的機率超過5%，甚至可能達到 10%。所以，如果孕婦有糖尿病，同時胎兒估計體重又超過 4000 公克的話，醫生一般是建議做剖腹產的。不要以為得了糖尿病的孕婦，到後面只要做了剖腹產手術就沒什麼事兒了，巨嬰還只是一個方面呢。

● 妊娠期糖尿病首先要重視它

有些老人覺得，寶寶就該白白胖胖的，不光可愛，還結實；在肚子裡也一

樣，寶寶養得越重越好，越重越健康。這是一種錯誤想法。體重過輕了確實不好，但是凡事都有個度，體重過重了也不好。胎兒過重，不容易生，肩難產的風險也會增大，即使是做剖腹產手術，產婦產後出血的風險也會明顯升高。就算是單純考慮胎兒，孕婦有糖尿病，寶寶一直泡在一個高血糖的環境裡，會導致自身的高胰島素血症，結果就出現了媽媽高血糖、生出來的孩子低血糖的現象。而低血糖對生命的影響要比高血糖嚴重得多，有些孩子還要送到新生兒科進一步治療。更有甚者，如果孕期血糖持續過高，尤其是孕前就有糖尿病的孕婦，突然胎心消失的風險都要升高了。

所以說，妊娠期糖尿病是對孕婦和胎兒都有很大影響的一個懷孕併發症，而且發病率還非常高。那麼如果得了妊娠期糖尿病應該怎麼辦呢？首先，你得重視起來，別覺得懷孕前血糖正常，OGTT 檢查也只是高了一點兒，然後就不當回事兒了——往往就是不當回事兒的人才容易出事兒。

其次，你就要注意控制飲食和適量運動了。對於大多數的糖尿病孕婦來說，只要合理控制飲食，並且適量運動，孕期血糖就可以得到良好的控制，而不用另外加用任何藥物。當然了，飲食控制也不能太過，你把自己餓出個問題來我可賠不起。所以，最好可以定期監測血糖，根據血糖監測情況，配合醫生指導進行控制。如果飲食控制＋適量運動血糖還是比較高，那可能就需要加用胰島素治療了。對於孕婦來說，胰島素是安全藥物，對寶寶沒有影響，絕對可以放心。

糖尿病看不見摸不著，很多人孕期查出糖尿病來，自己也沒有任何不舒服，甚至有些人胃口還很好。正是因為不會給你帶來不適感，所以它才容

易被忽視。而且，糖尿病的治療和吃有關，控制起來還是需要一定的意志力的。如果你對自己控制得好，那麼治療的效果也是非常理想的。好多女孩子平時為了身材自制力很強，這也不吃那也不吃，一懷了孕就好像拿了特赦令，吃東西毫無節制。這就大錯特錯了，孕期其實更要注意控制飲食。

糖尿病就是這樣，如果你重視它，有意地去控制它，大多數情況下不用特殊用藥，只要在生活方式上進行改善，即使得了糖尿病結局也不會多差；而如果你不把它當回事兒，那麼它就會給你點兒顏色瞧瞧了。

● 懷孕是對身體健康情況的一次檢閱

一次懷孕，大約九個月的時間；如果再加上大約一個半月的產褥期，一次孕產歷時將近一年，根據懷孕期間的健康狀況，可以對以後的身體進行一次檢閱——懷孕對於女性來說，還具有一定的預測算命功能呢。這可不是像所謂「月子病」一類的說法，月子裡的病一輩子好不了，得再坐一次月子才能醫治；而是說有些在你懷孕時期呈現出來的疾病，可能再過幾年、十幾年或者幾十年，到中老年時，相應的疾病有可能會再出現！

聽上去有些玄吧！但這確實是有科學依據的。有一些疾病，懷孕之前是沒有的，只是在懷孕期間才會出現，等到懷孕結束之後疾病也會自然而然好轉，醫學上把這些疾病稱為「妊娠期 ×××」。比如前面說的糖尿病，大多數的糖尿病其實是「妊娠期糖尿病」，就是說孕婦懷孕之前血糖是正常的，只是在懷孕之後才出現了血糖異常，而懷孕結束之後，血糖又會逐漸恢復正常，這個糖尿病僅僅是出現在妊娠期，所以稱為「妊娠期糖尿

病」。且慢！雖然說妊娠期糖尿病通常在產後 6～8 週血糖就可恢復正常，但是，如果把觀察的時間再向後延長，不是 6～8 週，而是 10～15 年呢？結果發現，曾經在懷孕的時候患有妊娠期糖尿病的孕婦，10～15 年之後有至少一半的人又發展為糖尿病，雖然這時候她已不再懷孕了。因此，凡是患有妊娠期糖尿病的孕婦都要注意了，你將來可是糖尿病患者的高危群體，所以即使產後血糖恢復到正常值了，也建議最好調整飲食習慣和生活方式，以盡可能延遲糖尿病的發病時間；並且建議每年進行一次 OGTT（口服葡萄糖耐量試驗）檢查，以早期發現糖尿病，早期處理，減少糖尿病相關併發症的風險。

還有一種疾病也是孕期很常見的，戴了個「妊娠期」的帽子，也是大多數女性懷孕之前是正常的，懷孕之後，尤其是孕晚期才出現的症狀，等到終止妊娠以後毛病也會慢慢好轉。不過這個毛病可要比糖尿病兇殘得多了。這就是妊娠期高血壓疾病！

02
妊娠期高血壓就是
一匹狂奔的野馬

我聽同事講過這麼一個病例。有一年大概是寒假過完，一個大一的女生，因為血壓高、頭痛來我們醫院就診。來看的時候已經很嚴重了，不到 20 歲的年齡，血壓奇高，而且已經有心衰的症狀。當然婦產科醫生會常規詢問性生活史，這個女生很自然地否認；然後就是醫生反覆詢問病史，這個女生終於承認了有男朋友；再後來就是被證實已懷孕，而且月份已經很大了，這個女生竟然還不知道！這種懷孕到大孕週了自己還不知道的情況，平時工作中也碰上過，都是小姑娘，肚子大起來了還以為是胖了，停經了也沒當回事兒，甚至都有胎動反應了，還以為是腸蠕動呢。這都是不瞭解避孕常識的後果。

這個病例還有更悲劇的結局——雖然終於明確診斷了，但最後還是搶救失敗！一個剛剛考上大學的小姑娘就這麼沒了，而且到最後肚子裡孩子的爸爸也沒出現過。而這個女生所患的疾病，就是妊娠期高血壓疾病中很嚴重的一種：重度子癇前期。

如果重度子癇前期繼續進展，那麼就要進入更嚴重的階段——子癇抽搐。

● 婦產科工作第一天就碰上子癇抽搐

我們醫院的前輩之中，徐子龍主任就是神一般的存在，我稱他龍哥，他是我的偶像。婦產科醫生，如此高壓力的職業，風險無處不在；但是，各種臨床問題到了龍哥那裡，似乎就只是用來襯托他的沉穩灑脫、舉重若輕的了。別人可能已經緊張得語無倫次，他照樣可以氣定神閒。好多同事說，從來沒見過徐子龍著急過，什麼事兒他都是嘿嘿一笑就過去了，什麼問題到了他手裡就都不是個問題了。這就叫作藝高人膽大。其實，我是見過他緊張的，這事兒後面再說。

我參加工作的第一年，到婦產科報到的第一天是在產房，龍哥當時還是年資深的主治醫生，在產房做住院總醫生，由他負責指導我。 就是那天，作為青澀小菜鳥的我，見識了龍哥強大的氣場。

上午他先帶我查房，順帶介紹了產房工作的各種流程，然後就拿了份病歷到醫生休息室，結合這份病歷來給我講解產程處理時要注意的一些問題。聽他講解產程中各種情況的處理，就像聽一個遊戲高手向你介紹遊戲攻略一樣，雖然遊戲的設置非常複雜，難關重重，但是，他早已掌握了各種通關技巧，對遊戲的各種進度、對方 boss 的各種屬性都瞭若指掌。任你遊戲難度再高，也都在他掌控之中；甚至，他還怕你難度太低呢，通關之後都覺得不夠刺激——是的，就像高手玩家對於遊戲刺激的追求一樣，他對於解決臨床問題好像也達到了如癡如醉的程度。如果說老頑童癡迷武學，可被稱為「武癡」的話，那麼龍哥就是「醫癡」。

我正被龍哥的講解吸引，突然就聽到休息室外一聲恐怖的嘶吼：

「徐子龍——」喊聲從產房 ICU（Intensive Care Unit）的方向傳過來，聽得出來，聲音已經完全變形走樣，尖厲而刺耳。

聽到喊聲，徐子龍愣了半秒鐘，然後突然就衝出休息室，邊跑邊喊：「哪裡？」

「ICU ！」

雖然是報到的第一天，但是在這個通訊基本靠吼的產房裡，我聽聲辨位的能力還是可以的。於是，我也跟著跑進了 ICU。

病床上躺著一個「紫臉大漢」，看上去身材魁梧，臉到脖子都已經發紫了，雙眼微睜，翻著白眼，很明顯已經喪失意識了。不過，患者更引人注意的還不是這些，而是她的動作——此刻，她的全身正在急劇地抽搐，雖然看上去肌肉明顯繃直僵硬，但同時又在不停地抽搐。

看到患者這樣的場景，作為龍哥的小夥伴，當時我就驚呆了，一句話也說不出來。此時，ICU 已經交織穿梭著很多護士了，每個人看上去都非常焦急緊張，但是又看不出具體在做什麼，甚至有兩個年輕護士只是直勾勾地盯著患者愣在那裡，很顯然，她們像我一樣被驚呆了。

「子癇發作了？」龍哥對著護士們問。

● 住院手續沒辦好，先搶救再說

這時候，一個看上去有些年紀的護士看到龍哥到場了，就像失足落水的人抓住了救命的臂膀一樣，馬上趕過來向龍哥彙報病史：「急診室剛剛收進來的一個患者，32 週初產婦，重度子癇前期，在急診的時候有明顯頭暈眼花症狀。家屬還在辦住院手續，急診室護士先把患者送進來了，還沒交完班就抽起來了。」

「哦，沒事沒事，別急。開口器、壓舌板用了嗎？當心患者舌頭。呼吸道黏液吸乾淨。」龍哥聽完簡單彙報，開始指揮。

「硫酸鎂有沒有用過？」龍哥問剛才那個護士。

「急診室已經用過了。」

「安定 10 毫克靜推，靜脈裡再 30 毫升硫酸鎂快速滴進維持，準備冬眠合劑。再開一路靜脈，降壓藥微泵維持。」龍哥語速不快，但是簡潔有力，在他的指揮下，護士們的行動看上去有序了很多。

這時候，剛剛向龍哥彙報病史的護士又過來說：「她的住院手續還沒辦好啊，那些用藥你可都得簽字。」

「嘿嘿，沒問題，你藥先上去就是了，又不是沒簽過。」接著，他招呼我，「小田，你也過來幫忙吧，幫忙按著胳膊，我得給手術室打電話約手術台。」

時間好像過了沒多久，患者的抽搐漸漸緩了下來，緊繃的肌肉也開始鬆弛了。

抓緊做好術前準備吧，通知病房醫生過來。龍哥的語速還是一如既往地平緩而有力。

很快，病房醫生趕來接管局面，等患者被送去手術室，龍哥又和我回到了醫生休息室。

● 心中有數才能鎮定自若

「來婦產科第一天就見識子癇發作了，一輩子都忘不了吧？」龍哥笑眯眯地問我。

「太刺激了，完全都蒙住了，就跟看電影一樣。」

「哪能和電影比啊，電影多假多誇張啊，剛才那陣勢也還好吧。」

「我覺得已經很誇張了啊，患者臉都紫了。」

「是的，頭面部充血造成的。剛才那個患者就是典型的重度子癇前期患者的面容，大圓臉、大粗腿、腫眼泡，看上去挺難看的，其實都是水腫造成的。」

「難怪我一進去就看見個紫臉大漢，乍一看還真以為是個男的呢，這麼魁梧！」

「嗯，因為嚴重的水腫啊。以前有重度子癇前期的患者出院以後回來複查，都認不出來了，整個身體好像都小了一圈，也漂亮多了。」

「那這個患者應該很危險吧？」

「危險是肯定危險了，大人孩子兩條命嘛，子癇發作的時候兩個隨時都可能有生命危險。不過多數情況下處理及時的話還都是可以控制住的。但是你別覺得控制住了就好了，如果不及時剖腹產，很快又會有下一次的。這個毛病唯一有效的治療手段就是終止妊娠，其他的用藥都只是暫時緩解。」

「婦產科太可怕了！」

「嘿嘿，有什麼可怕的，做醫生嘛，總是要碰上些情況的，該怎麼辦就怎麼辦就是了。」

「可是這麼危急的情況，肯定要慌神兒的啊。」

「你慌什麼慌，慌神兒又不能解決問題。做醫生的，自己要先穩定下來，才知道下一步要怎麼辦，你也跟著慌，那誰來搶救患者啊！」

「那種場面下要想沉住氣還真不容易。」

「你知道該怎麼辦就沒事了。所以還是要看書，把我們的教科書一字不漏的都看下來，再看看國外的教科書和文獻，對毛病心裡有數了，你就不緊

張了，嘿嘿。」

那時候我明白了，要做到像龍哥那樣臨危不亂，那樣淡定，不下點兒功夫，沒點兒本事是不可能的。

● 妊娠期高血壓疾病，終止妊娠是唯一有效的方法

妊娠期高血壓疾病是一類疾病，從名字就可以看出來，它是以血壓升高為主要表現的。開始病情還比較輕的時候，只是血壓升高。不過，導致這種疾病血壓升高的原因是全身小血管的痙攣，就是說它是一個全身性的疾病，而不僅僅局限在心血管系統。所以，隨著疾病的進展，會慢慢累及其他臟器組織。最常見的是累及腎臟，出現蛋白尿。蛋白可是孕期非常重要的營養成分，是寶寶生長和大人維持健康的重要成分，但是現在它從你的小便中漏出體外，這就是蛋白尿。

當小便中有蛋白漏出時，疾病就由妊娠期高血壓發展為子癇前期階段了。這還不是最嚴重的，疾病還要繼續發展。它還會累及消化系統、損害肝臟功能，甚至累及神經系統，而且在全身各個系統被逐個襲擊時，早先已經累及的系統的症狀會進一步加重。如蛋白漏出的量會逐日增加，心血管系統的損傷會加重，甚至會出現心力衰竭、肺水腫等症狀。當神經系統的損傷嚴重到一定程度時，就進入了這個疾病最嚴重的階段——子癇抽搐！

這就是妊娠期高血壓疾病，從妊娠期高血壓到子癇前症（Preeclampsia），再到子癇，一步一步逐漸加重；更可怕的是，病情加重的速度可能會非

常快，有的患者不到一週的時間就發展到非常嚴重的程度。而正如龍哥所說，這個疾病唯一有效的治療方法就是終止妊娠，而其他藥物治療只能暫時控制。打個比方，這個疾病的進展就好像一匹奔跑的野馬，各種降壓解痙的治療就相當於拉一拉韁繩，讓馬跑得稍微慢一些，但是它不會停下奔跑的腳步，疾病還會繼續發展，甚至有些人拉了韁繩也沒有控制得很好。而唯一可以使這匹野馬停下來的方法，就是一刀斬掉馬頭──終止妊娠。就像那個子癇抽搐的患者，雖然藥物用上之後，抽搐暫時緩解被控制住了，但是只要妊娠還在繼續，就一定還會有下一次的抽搐；所以，對於已經發生過一次子癇抽搐的患者，醫學上建議兩小時後就進行剖婦產終止妊娠，這也正是龍哥馬上聯繫手術室的原因。

妊娠期高血壓疾病是要比前面說的妊娠期糖尿病厲害得多的疾病。在治療上，因為只有終止妊娠才可以治癒疾病，所以醫生的目標就是在保障孕婦相對安全的情況下，盡可能地延長孕週。而孕婦要做的就是定期進行產前檢查，可別把產檢時候的量血壓不當回事兒，別以為懷孕前血壓是正常的，懷孕以後就沒問題了。血壓升高一般是沒有什麼症狀的，等到你有症狀了，估計那時候病情已經很嚴重了。另外，雖說終止妊娠是治癒妊娠期高血壓疾病的唯一方法，但是，就像是奔跑的野馬即使斬了馬頭，它也可能憑慣性往前跑兩步；所以，即使是終止妊娠了，有些人的病情也沒有那麼快恢復，甚至產後也還有子癇抽搐的可能，醫學上稱為產後子癇。因此，產後的休息、治療和複查也是很有必要的。

03
妊娠期高血壓還有
更虐心的故事

其實，前面提到的子癇抽搐患者已經算幸運的了，不管怎樣，即使是馬上剖婦產終止妊娠，以她 32 週的孕週，孩子的存活率還是比較高的。還有一些孕婦，發病時間要早得多，早到寶寶出來以後根本就救不活，那也沒辦法，必須得終止妊娠，為的是保大人的命。

● 不得已也得一命換一命

曾經有一個患者，發病的時候只有大約 23 孕週的樣子，而且病情進展很快，儘管我們給了各種藥物控制，但只過了一週的時間，病情就急劇加重了。而且，因為血管痙攣，胎盤對胎兒的供應也受到影響，胎兒在這樣一個疾病環境中明顯比同樣孕週的胎兒要小很多。這種情況，繼續妊娠極有可能會危及母嬰兩條生命。首先，胎兒在這種子宮環境中是沒辦法正常長大的，因為胎盤功能被嚴重影響了。就好像讓胎兒在一個空氣稀薄又食品缺乏的房間裡，時間長了，不光發育不好，生命也會受到威脅。而母親的情況也同樣危險，就像前面說的那樣，這個疾病不終止妊娠是不會好的，只會繼續進展。在醫學上，這是被稱為「繼續妊娠，將危及孕婦生命」的情況，這種情況下，醫生應該建議把孩子拿掉。

這確實是一個殘忍的建議，懷了五個多月的孩子，就要這麼放棄了。但是為了挽救孕婦的生命——只能一命換一命！

我們把情況向孕婦和家屬交代清楚，家屬的態度還是比較明確的，要先顧及大人的安危，放棄胎兒，不過孕婦的決定很難下。想像一下吧，讓一個準媽媽放棄自己的孩子，是一種怎樣的殘忍。有時候，為了生命的延續，你得放棄一些東西，甚至是非常寶貴的東西。

最終，孕婦還是接受了我們的建議。然後就是打針、引產。

● 被逼出來的堅強

對於重度子癇前症的患者，分娩過程的風險非常大，隨時可能子癇發作。胎兒娩出的那天，正好我夜班，所以一直守在她旁邊管理產程。過程很順利，胎兒很順利地娩出來了。接生結束，收拾完接生台，我要做些紀錄、簽字。這時候，產婦對我說：「醫生，我能不能看看孩子？」

說實話，我一直覺得，讓一個母親親眼看著自己逝去的孩子，是一件非常殘忍的事情，所以我想拒絕她。我說：「還是給你家人看吧，你看了也不好。」但是她再三要求，堅決要看。我看了看她的血壓，還算可以接受，於是，就把盛放小屍體的小盆端過去，掀開蓋在上面的布。她表情很平靜，說：「醫生，幫忙放在我旁邊吧，一小會兒就可以了。」

當時我心裡挺難受的，但是看她這麼堅決地要求，還是答應了她，把小盆

放在她床旁。然後，我看到她輕輕撫摸著孩子，低聲説著話。當聽到「寶寶」兩個字的時候，雖然是個大男人們兒，我也實在忍不住想哭。我不想讓旁邊的護士看到我掉眼淚，所以趕緊低頭走開了。

等到我平靜下來，又進了分娩室，拿走小屍體。我對產婦説：「你真的挺堅強的！」她回答：「堅強什麼啊，打完針，眼淚就已經流光了。」雖然經歷了如此虐心的過程，但萬幸的是，最終還是保全了孕婦的健康。她這種情況，是可以考慮再次妊娠的，我們稱為子癇前症再生育，需要下次妊娠前和妊娠早期就在專門的產科就診。

都説科技進步日新月異，但是，科學進步的夢想好像總是照不進醫學的現實。人類的太空船 (spacecraft) 可以到月亮、到火星，網際網路可以把地球「抹平」；但是，不要説癌症、腫瘤這些絕症了，就是生孩子這一人類繁衍最基本的過程，到現在還是要「冒著生命危險」，讓人不得不唏噓，也不得不對自然和生命產生由衷的敬畏。

04
那個夜班我差點犯了大錯

妊娠期糖尿病和妊娠期高血壓疾病都是發病率比較高的孕期疾病，下面再介紹一種發病率低，但是更加兇險的孕期疾病。之所以要介紹這種疾病，是因為 5 年前的那個夜班，給我留下了太深刻的印象。

● 她看起來只是個普通孕婦

那時候我剛剛獨立值夜班不久，急診來了一個孕婦，大約 34 孕週，先兆性早產，宮縮很緊，子宮口已經在開大了。根據孕週，雖然是早產兒，但是生出來存活率還是比較高的。孕婦住進來不久，就接到醫院麻醉科老芋頭的電話，說這是他的熟人，家裡人要瞭解一下情況，順便拜託我照顧一下。我簡單交代了一下情況，老芋頭說：「那瞭解了，反正孕週也差不多了，就生出來再看吧。我跟她家裡人說一聲，你拜託產房幫忙照顧一下。」

沒過多久，老芋頭又打來電話：「她家人要提醒醫生一下，孕婦最近檢查好像肝功能有點兒問題，肝酶好像一兩百吧，也不是多大的事兒，你記得再複查一下就是了。」

「好啦，讓她家裡人放心吧！」我一邊答應著，一邊開始查看這個患者的病史。

整個孕期好像沒什麼特殊情況，也不是高齡產婦，就是最近一次的血生化檢查肝酶有點兒升高。看起來患者主要問題就是早產臨產，既然孕週也不算太小了，那應該也沒什麼大問題。然後又簡單地和患者聊了兩句，得知她最近一兩天好像胃口不是很好，感覺她老公燒的菜不如以前好吃了。

「看來你老公的廚藝有待加強了啊！」我還在和患者開著玩笑，絲毫沒有意識到危險所在，以為這又是一個平靜的夜班。

因為患者宮縮很緊，所以沒過多久宮口就開全了，然後新生兒順利娩出，接下來是胎盤娩出。這些，似乎也都在印證著我所以為的平靜——分娩結束了，看來這個患者只是我這個夜班裡一個毫無波瀾的小插曲。

● 情況變得複雜起來

分娩結束沒過多久，護士向我彙報，說產婦產後出血有點兒多，性狀有點像不凝血。我馬上過去查看，發現不斷有鮮紅色的血從陰道裡細細地流出來。

「現在產後出血大約多少了？」

「大約三四百毫升吧，血壓、脈搏、氧飽和度都一直正常。」

「哦，還不算太多。胎盤情況怎麼樣？」雖然還沒有達到產後出血的診斷，但是，既然有出血的傾向，那總要根據產後出血的處理流程進行排查，所

以，我一邊按摩子宮底，一邊詢問胎盤情況。

「胎盤完整，宮縮情況也不算太差吧。」

「燈光幫我對一下，準備卵圓鉗，我查一下軟產道。」雖然獨立值夜班沒多久，但是處理產後出血的基本流程我還是熟悉的。

我這兒正檢查著子宮頸呢，那邊化驗室的電話打過來了，說這個患者送去檢查凝血功能的那根試管，好像取的血液有問題，要求重新採血。凝血功能檢查，就是化驗血液凝固的能力，檢測血液凝固時間和血液當中凝血物質的數量。但偶爾會因為抽血的原因或者試管本身有問題，在送檢之前血液就已經凝固了，消耗了血液當中的凝血物質，這樣再去檢測，就可能出現凝血時間過長，凝血物質減少的假象。這種事情以前也偶爾發生過，所以檢驗科要求重新採血。

「那就重新再抽一次血吧。對了，患者入院以後複查的肝功能怎麼樣？」我檢查著子宮頸，一邊讓護士幫忙看一下肝酶的指標。

「稍微偏高一點兒，比之前降下來了。」 看來是好起來了，我一邊這樣想著，一邊繼續手裡的活兒。軟產道檢查了一遍，沒有什麼問題。但是，血沒有一點兒要止住的意思，雖然出得不是很洶湧，但一直就那麼默默地、細細地流著。護士用稱重法又估計了一下出血量，已經六百多毫升了。這時候，我隱約感覺這個患者好像有點兒不對勁兒了，現在的問題，不是產後出血量多少，而是一圈檢查下來，找不到出血的問題所在！

● 那些看上去不起眼的表現，原來如此重要

於是，我拿起電話請示我的上級二線醫生──事實證明，這是那晚我做得最正確的決定！

「你說這個患者之前肝功能不好？」聽完我的情況彙報之後，二線醫生問我。

「是的，肝酶有點兒升高，不過這次入院以後已經有所下降。」

「之前有什麼症狀嗎？比如乏力或者消化道症狀？」消化道症狀？這時候，我想起患者閒聊時說起她老公燒的菜不如以前好吃了。

「之前好像有過胃納減退。」

「噁心嘔吐呢？」

「這個好像沒有。」

「這次入院後複查的肝酶下降了？」

「是啊。」

「膽紅素呢？膽紅素有沒有升高？」

膽紅素？我發現我還沒有關注到這項指標！趕緊查看化驗單——膽紅素比之前明顯升高了！

「那血糖呢？血糖有沒有下降？」二線繼續追問。

「血糖？是的，血糖有點兒低。」

「凝血功能報告怎麼樣？」

凝血功能？這時候，我想起了化驗室的那個電話：「化驗室說標本可能有問題，重採之後，正在重新化驗呢。」

「這個患者有問題，我馬上到！」經過一番簡單詢問之後，我好像從二線的語氣中聽出了一絲緊張。二線很快趕到產房，簡單查看了一下病史，看了一遍化驗結果，就馬上掏出手機給三線打電話：「霍主任嗎？產房有個患者，很嚴重，我現在考慮是妊娠期急性脂肪肝，您來看一下吧！」

妊娠期急性脂肪肝，一直到我聽到這個名字，我都還沒有意識到問題的嚴重性，因為以前在學校的時候學到過脂肪肝，屬於肝臟的一種可逆性病變，它的嚴重程度似乎和二線的語氣很不相稱。

沒過多久，三線也趕到了產房，並且打電話詢問凝血功能檢查的情況。這時候，化驗室說，第二管血還是有問題——血液不凝！

「是的，這不是標本採集的問題，患者凝血功能確實是有問題。」霍主任對化驗室說。

「那麼就是大問題了，因為凝血時間嚴重延長，纖維蛋白原嚴重下降了。」化驗室馬上發出了警報。

放下電話，霍主任說：「化驗室證實了，嚴重凝血功能障礙，大量的凝血物質被耗竭，現在患者已經發生嚴重 DIC，趕緊聯繫超音波檢查，通知 ICU，聯繫血庫要紅血球和血漿，申請纖維蛋白原和凝血酶原複合物。」

DIC 就是「彌散性血管內凝血」，是血液中大量的凝血物質被耗竭掉之後，繼發的血液不凝，從而造成血流不止，然後進一步丟失凝血物質，造成惡性循環，最終造成失血性休克，直至死亡。

「小田，你馬上記錄病程，並且向患者家屬發書面病危通知書！」霍主任轉頭對我說。

記錄病程，書到用時方恨少啊！我趕緊翻書才知道，原來一個如此兇險的疾病讓我給碰上了——妊娠期急性脂肪肝！

● 脂肪肝加上「急性」兩個字就恐怖了很多

妊娠期急性脂肪肝不是一般體檢時候超音波報告的那個脂肪肝，而是一種妊娠期特有的疾病，又被稱為「妊娠期特發性脂肪肝」。這是一種比較罕

見的妊娠期併發症，對於母親和胎兒都有致命的影響。妊娠期急性脂肪肝通常在妊娠晚期發病，一般在 35 孕週左右，病情發展很快，剛開始通常有上腹部疼痛、食欲缺乏、噁心嘔吐等上消化道症狀，然後進一步發展可能快速出現肝功能衰竭。在實驗室檢查上，可以表現為嚴重的凝血功能障礙、肝臟功能的衰竭、嚴重的低血糖和血尿酸升高。這些症狀在這個患者身上就有比較典型的表現，她在前幾天就出現了明顯的消化道症狀，只是被我錯誤地以為是她老公的廚藝問題。而肝功能的化驗檢查中，提示了肝酶的升高，並且在隨後的複查中，肝酶出現了下降，這讓我錯誤地理解為病情好轉——其實恰恰相反，因為在肝酶下降的同時，還出現了膽紅素升高，這在醫學上被稱為膽酶分離！膽酶分離是指肝酶的升高和膽紅素的升高不平行，甚至出現肝酶的下降。

這是因為肝細胞的大量壞死，對膽紅素的處理能力顯著下降，因此出現膽紅素上升；而同時，轉氨酶由於已經維持了相當長時間的高水準，從而進行性耗竭。這是肝功能嚴重衰竭的一個表現。雖然在讀書的時候，把這個概念背誦得滾瓜爛熟了，但是，真正在臨床上見識到的時候，我還是遺憾地把它給錯過了！這個患者另外一個典型表現就是凝血功能的異常，但是我錯以為是標本採集出了問題，還是沒有引起重視。

因為對疾病缺乏足夠的認識，我錯過了好幾個原本可以發現問題的機會，但是，好在有一個機會我沒有錯過，那就是患者住院後很快就結束分娩了——當然，這個機會不是我主動把握的，而是它自己來的。因為對於妊娠期急性脂肪肝的治療，除了積極護肝和糾正凝血功能之外，一個幾乎最重要的治療就是——立即終止妊娠！謝天謝地，這個患者從住進醫院到孩

子生出來，經歷的時間很短，這也就相當於誤打誤撞地對患者給予了最重要的治療，運氣不可謂不好啊！所以，後來在患者情況穩定了之後，二線對我說：「患者是命大，也算是你小子命大，毛病沒診斷出來，治療倒是沒怎麼耽誤。要是患者沒有那麼快生出來，或者你給她繼續安胎了，那她就真的是沒希望了──那麼，你也就完蛋了！」

當時我就感覺衣服被後背的冷汗濕透了。對於婦產科醫生來說，夜班永遠是疲憊的，甚至是可怕的，這個可怕就可怕在你永遠不知道接下來會發生什麼，那些看似平靜的表象背後，可能是險象環生，就好像夜間在敵後執行任務的偵察兵一樣，必須時刻保持高度的警覺，不敢有絲毫的懈怠。同樣，對於孕婦來說，也不要對一些症狀掉以輕心。比如噁心嘔吐，如果在早孕期發生，大多是早孕反應，不嚴重的話可能問題不大，但是孕晚期出現上消化道症狀，還是要提高警惕為好。

另外，這件事情其實還提醒我們，如果孕晚期發生了先兆早產的症狀，那可能是身體的一種自我保護，不要急著安胎。

05
關於早產的問題

懷孕後除了這些併發症，其實大家還關心一個問題，那就是早產。即使沒有任何併發症，如果發生早產也是件很讓人著急的事兒。所以，很多孕婦孕期稍微有點兒宮縮的感覺就非常緊張，趕緊要求安胎。其實，有些時候，有了早產的徵象，也不一定都需要安胎，比如前面提到的妊娠期急性脂肪肝的患者，孕週只有 34 週，屬於早產範疇，但住院後也沒有安胎；甚至如果我當時給她安了胎，後果會更加嚴重。接下來的部分就介紹一下早產和安胎的問題。

● **婦產科醫生經常提到的兩個詞——孕週和預產期**

目前醫學上對於孕週的計算是從末次月經第一天算起的，而不是從受精開始。這是因為你也沒法確切推算究竟是哪一天受精的，但末次月經的日期則很明確。按照這種演算法，一般到你知道自己懷孕了，孕週起碼也有 4 週了。

預產期的演算法，是末次月經日期月份 +9（或 -3），日期 +7。舉個例子，末次月經是 3 月 8 日，預產期就是 12（3+9）月 15（8+7）日。這是一個大約的數值，按照這個演算法，一般預產期的時間就是在孕 40 週（也就

是 280 天左右）的樣子，因為大小月的原因，前後可能會差一兩天。如果平時月經不準，週期比較長，或者恰巧這次受精時間比較晚，那麼預產期就要糾正了。糾正的方法通常是根據早孕期超音波測量的胚芽長度（或者頭臀徑）+6.5，單位是公分，得到的就是孕週數。比如，胚芽長 2.5 公分，那麼孕週就是 9（2.5+6.5）週。然後和實際停經孕週比較，如果相差超過 1 週，一般要根據超音波糾正預產期。

對於婦產科醫生來說，孕週是一個非常重要的資訊，會對醫生的決策產生很大影響。比如，28 週以後進入圍產期，那麼懷孕 28 週之後就應該要考慮胎兒存活的問題了，可能會為了挽救胎兒而做對孕婦有所損傷的剖腹產手術；而 28 週之前則屬於流產範疇，不算早產，那麼此時基本會更多地考慮孕婦。不是說沒到預產期生出來就算早產，在醫學上，孕週達到 37 週就可以算足月了，只有 37 週之前出生的新生兒，才稱為早產兒。同樣是早產兒，孕週不同差別也很大。寶寶在肚子裡不斷地發育，總歸是孕週越大成熟度越高。比如，相比起 28 週的胎兒，32 週的胎兒各個臟器的成熟度肯定更高，新生兒存活率更高，發生嚴重併發症的概率更低。而 34 週的情況又會更好一些。

一般情況下，多數 34 週以上的早產兒不用借助外界幫助，如輔助呼吸等，就可以存活了。所以，在婦產科醫生心裡，對於 34 週之後的早產兒還是很有信心的。因此，如果孕週超過 34 週，即使出現了早產的徵象，醫生一般也不會建議安胎，而更多的是順其自然。民間有「七活八不活」的說法，說懷孕七個多月出生的能活，八個多月的反而不容易活，這種說法純屬無稽之談。懷孕 7 個月是 30～34 週，8 個月是 34～38 週，顯然 8

個月的存活率更高，新生兒併發症的發生率更低。

● 沒有宮縮也有可能早產

早產的徵兆是什麼？最如雷貫耳的可能就是宮縮了。剛剛有早產先兆的時候，宮縮可能不是那麼強烈，不一定會是疼痛，更多的感覺可能是腰酸、腹脹，或者是下腹的緊縮感。

不過，隨著孕週的增加，正常情況下也會出現這種生理性的宮縮，每天偶爾有幾次無痛性的宮縮，這都很正常，不能算早產的先兆，也不用太緊張。真正的早產宮縮，應該是陣發的有規律性的宮縮，10 分鐘裡可能會有兩三次，這時候就要注意了。其實，除了宮縮之外，醫生還會關心一些其他的指標，如子宮頸的長度等。女人懷孕之後，子宮會逐漸膨大，但是子宮頸長度沒有變化，直到要分娩前的一段時間，子宮頸才會逐漸變短消退；到了臨產階段，子宮頸口（又叫產門）一指一指地打開，到開十指的時候，產門開全，寶寶就要出來了。所以，有些產婦雖然沒有上面說的那種有規律性的宮縮，但是超音波顯示子宮頸長度縮短了，這也預示著可能要早產。

因此，對於女性來說，尤其是打算生孩子的女性，子宮頸的作用是很重要的。相信很多人都聽說過「子宮頸糜爛」，甚至還有說法，說子宮頸糜爛就代表著生活糜爛，潔身自好的女人不會宮頸糜爛。這是毫無依據的。所謂「子宮頸糜爛」，其實只是一種外在表現，就是子宮頸口外觀變紅，有顆粒感，像黏膜糜爛的樣子。而大部分所謂的子宮頸糜爛，在組織學上，

僅是子宮頸的柱狀上皮外移，並不會給生命、健康帶來不良影響。所以說，子宮頸糜爛不是病，而且，現在醫學上早就沒有「子宮頸糜爛」這種說法了。那麼子宮頸糜爛不是病，要不要治療呢？這就像臉上的黑痣，可能極少部分人是黑色素瘤，那麼就需要治療；但大部分人其實就只是一顆黑痣而已，除了有點兒影響美觀，並無大礙，其實是不用治療的。

所以，子宮頸糜爛只要沒有什麼症狀，沒有細胞改變，沒有病毒感染，那麼就不用治療，定期複查就可以。現在有些醫院對子宮頸糜爛過度治療，各種藥物理療，花樣繁多，都是不必要的，而且，治多了說不定還會影響子宮頸功能，繼而會造成早產。

● 陰道炎症恐怕就是洗出來的

哪些原因會造成早產呢？首先是肚子太大。就是說還沒足月呢，子宮已經撐到像足月那麼大了，那麼宮縮就要發動了，比較多見的情況就是羊水過多和多胎妊娠。別覺得生雙胞胎是多新奇的事情，隨著輔助生育技術使用的增加，雙胞胎甚至三胞胎的情況越來越多，本來子宮是單人房，現在硬改成雙人房，空間當然就要被撐大了，可能三十二、三週就有人家足月的肚子那麼大了，於是宮縮就要發動，就要早產了。

早產還有一個常見的原因就是感染。這個感染可能不是早產發動的時候才發生的，而是之前更早的時候，比如剛懷孕的時候，甚至是懷孕前；而且，那個時候的感染可能僅僅是陰道炎症。曾經有患者很疑惑地說：「什麼，我會有炎症？我已經非常注意個人衛生了，都快有潔癖了，每天洗澡不

說，陰道裡面也做沖洗，是用專門洗陰道的藥物來洗，怎麼還會有炎症？」嗯，炎症可能真的是被洗出來的。

其實，正常生理情況下，陰道裡面就有很多細菌定植，各種細菌間相互影響相互制約，使每種細菌的數量相對穩定，從而達到細菌和細菌、細菌和人體之間的和諧共處。而且，因為這些細菌定植的原因，使陰道內呈酸性環境，從而可以抑制其他病原體的生長。這在醫學上被稱為陰道的自淨功能。就是說，即使你不去特別保護，陰道自己也有自我保護的功能。都說水至清則無魚，不是說什麼東西都是越「乾淨」越好，「乾淨」不是目的，只要最終可以達到和諧的狀態，就是理想的結果。但是，如果你沒來由地經常沖洗陰道，那麼正常的菌群就會被你破壞掉，本來和諧的環境被打破了，那麼其他病原體就有機可乘，各種炎症也就來了。陰道沖洗可以作為一種醫學上的處理，比如，在陰道手術之前，為了手術區域的消毒，是可以進行的。但是，自己平時在家的陰道沖洗則屬於好心辦壞事，是應該避免的。

雖然陰道的炎症在懷孕之後可能會造成不良的影響，如引起早產；但是，如果真的感染了陰道炎症，也不用太過緊張焦慮，這實在不是什麼大病。以目前的醫療水準，通常只需要陰道內局部用藥就可以了。只要把不好的病原體處理掉，讓本來的原著居民重新建立起和諧美滿的家園，陰道炎症也就解決了。所以，如果只是陰道炎症，而醫生卻要給你吊鹽水的話，那就是打蚊子用了高射炮，涉嫌過度醫療了，最好換家醫院再看。要知道，打蚊子最好用的還是蒼蠅拍，穩、準、狠，打完收工；用高射炮打蚊子，還真不一定瞄得準，效果也不一定好。

除此之外，可以引起早產的原因還有很多，如各種孕期的併發症，像前面說的妊娠期糖尿病、妊娠期高血壓疾病；還有些胎盤方面的問題，如前置胎盤、胎盤早剝；還有些是因為子宮本身的畸形，如子宮縱隔等等。既然引起早產的原因有很多，那麼一旦發生早產跡象了，是不是可以安胎也就不能一概而論了。

● 早產兒有時不是你想保就能保得住的

為什麼都可能要早產了，醫生還不願意安胎呢？因為安胎的過程，只有一方是獲益的，那就是肚子裡的胎兒。孕週的延長僅僅是對胎兒有好處，而很多引起早產的原因，從一定程度上講，對孕婦來說其實是啟動一種自我保護機制。比如前面提到的妊娠期急性脂肪肝的孕婦，她這種自發性的早產，雖然中間的具體機制還沒搞清楚，但是可以理解為是自己身體感受到繼續妊娠會吃不消了，所以啟動程式要「提前卸貨」。在這種情況下，如果你還要強行安胎，對孕婦來講可能是不利的，甚至是危險的。婦產科醫生在處理問題的時候，不可能僅考慮胎兒一方面的因素，而是從母嬰雙方獲益的角度去考慮。如果繼續安胎，母親需要承擔的風險不大，而胎兒可以通過繼續延長孕週獲得更大好處的話，那麼就安胎；如果繼續安胎，母親需要承擔很大風險，那麼不管胎兒獲益有多大，繼續安胎恐怕都不是明智的選擇。要知道，母親才是胎兒最大的依靠，如果母親的健康狀況受到了嚴重威脅，安胎時間再長，到頭來也都是白搭。

所以，就像前面提到的，如果孕週超過 34 週了，估計胎兒已經大致成熟，那麼一旦發生早產，通常醫生也不會建議再繼續安胎，而是順其自然發展，

只要監護好胎兒情況就可以了。

關於安胎的方法，通常會建議患者減少活動，臥床休息，藥物方面主要就是宮縮抑制劑。像前面所提到，有些人可能在沒什麼宮縮的情況下，子宮口就已經開了，也就是所謂的子宮頸機能不全。針對這種情況，有效的治療方法是進行子宮頸環紮手術。不過，做這個手術的最佳時間應該是在懷孕 14 ～ 18 週的時候，就是在比較早期的時候。等到出現早產跡象，子宮口已經開了，再做手術就來不及了。所以，子宮頸機能不全的患者，應該在下一次懷孕早中期就做子宮頸環紮手術。

再來說說抑制宮縮的藥物，目前種類有很多。可別把這些藥當成什麼靈丹妙藥，用上之後就可保孩子平安。這些藥物的作用也就是抑制一下宮縮，而且，很多時候就是抑制一下比較輕度的宮縮，真正臨產要生的那種劇烈宮縮，真沒什麼藥物能壓得住。

這裡不得不提醒，在目前安胎藥物使用上還是有些過頭了，不過，這個過，絕大多數情況還是患者造成的。畢竟大多數家庭生的少，孩子出來太早了要進保溫箱，除了費用之外，內心的擔憂，都得自己扛著，換誰心裡都得格外小心。所以，不管什麼情況，只要有點兒宮縮了，患者、家屬就纏著醫生開安胎藥。

其實，國外的研究已經顯示，安胎藥物延長孕週的作用不大，更多的只是爭取給胎兒使用促進胎肺成熟藥物的時間，剩下的就全看造化了。但是患者和家屬並不這麼想，如果你給我安胎了沒保住，那我認命；藥都不用，

這不就相當於見死不救嗎？這個時候，大家好像都忘了「藥是三分毒」的說法了，剛懷孕的時候不小心喝了口咖啡都緊張半天，生怕影響到胎兒，現在卻什麼藥都敢用了。藥物可都有副作用的啊！可是你要不用吧，患者和家屬真和你瞪眼，拍桌子砸板凳都是輕的。沒辦法，以目前醫療環境，醫生可不願意去觸這個霉頭。於是就出現了很多情況下，即使不用藥物，可能也不會在短時間內就早產的，但還是用了安胎藥。這就是令人無奈的醫療現況了。

造成早產的原因很多，情況也複雜多樣，所以，如果有早產跡象，不要一股腦兒的只想到安胎，而應該把孕婦和胎兒兩方面的風險利弊綜合起來考慮。而作為外行，可能很難考慮得周詳，所以，還是請相信專業的婦產科醫生吧。

06
懷孕時期別忘了
做唐氏症篩檢

前面已經講過了早孕期流產和早產，這兩種情況一種是在剛懷孕不久，一種是到了孕晚期。可以説，對於孕婦來説，早孕期和孕晚期是兩個多事之秋，很多問題都出現在這兩個時期。而這兩個時期之間的孕中期，對於很多孕婦來説可謂是真正的「快樂孕期」。

● **在「安靜階段」享受快樂孕期**

一般在懷孕四五個月的時候，絕大多數人早孕反應已經過去，胃口恢復正常，無論是生理上還是心理上都開始適應了準媽媽的角色；同時孕週還不算大，胎兒的生長任務主要是器官的成熟而不是身體的長大，所以孕婦的肚子還沒有太大負擔。而且，大多數人的胎動也是這個時候開始感覺到的，每天，只有你可以感受得到這個即將到來的家庭新成員，你感受著他頑皮地伸腳蹬腿，甚至是翻跟頭，而老公只能在旁邊羨慕地聽你描述，一種做母親的滿足感就會油然而生。因為孕中期這種「健康的味道」，所以，有些人把孕中期稱為懷孕的「安靜階段」。

大部分人的孕中期是漫漫孕期中最安靜舒適的階段，準媽媽們在這個時期

享受著孕育生命的快樂。但是，安靜不等於安全，有時候也會出現一些問題。而且，這個時候出現的問題，很多情況下還都不好處理。

如果在孕中期（比如 20 週左右）出現了有規律性的宮縮腹痛，或者這個時候破水了，通常情況下還真難安胎。因為一般這個時候都是很安靜的，子宮對於催產素的敏感性很低，相應的，如果發生了宮縮，對於宮縮抑制劑的敏感性也是低的，所以一旦宮縮起來了，還真找不到什麼好藥能壓得住。另外，如果這個時候破水了，一方面羊水流出來容易發生感染，另一方面胎兒月份又太小，所以安胎也很困難。因此，在孕中期發生流產的話，處理起來並沒有那麼容易。

同時，在這個「安靜階段」，還有件事兒要提醒準媽媽們去做，那就是唐氏症篩檢，而且最好早做。

● 就沒有比唐氏症篩檢更準的方法嗎

唐氏綜合症，又叫「21 三體綜合症」，就是多了一條 21 號染色體，是人類最常見的非整倍體染色體病。

唐氏兒患者比較通俗的叫法就是「先天愚型」或「蒙古症」。已經不只一次地出現過這樣的投訴：唐氏症篩檢明明是低風險的，結果偏偏就生出一個唐氏兒，這難道不是醫生的怠忽職守、草菅人命嗎？如果說唐氏症篩檢不準，做完也不能完全說明問題，那為什麼還要做這項檢查呢？關於唐氏症篩檢的問題，好多人懷孕以後都遇到過，無奈醫生太忙，分給每個人的

時間太短，總感覺聽得不是太詳細。所以，對這個問題，我在這裡打算好好解釋解釋。以下部分屬於純粹的科普內容，比較感性的準媽媽如果對這些前因後果不感興趣，就可以直接跳過，或者交給自己的老公閱讀，這樣至少家裡能有一個人清楚明瞭。

要想在產前就診斷唐氏症，目前的確診金標準（金標準：就是醫學上公認的最準確最可靠的診斷方法，也就是標準的診斷方法）就是進行產前診斷，常用的方法包括絨毛活檢、羊膜穿刺和臍血穿刺培養。這三種方法，選擇的孕週有所不同，絨毛活檢的最佳孕週是 9 ～ 12 週，羊膜穿刺的最佳孕週是 17 ～ 21 週，超過 22 週以後，一般是臍血穿刺。這些方法，都是直接獲取胎兒的染色體進行培養，可以對胎兒全部的 23 對染色體進行檢查。這種染色體檢查可以提供胎兒是正常還是異常的確診報告，是最準確的結果。

既然有這麼好的診斷方法，那還廢話什麼，大家都去做這種產前診斷不就行了嗎？產前診斷確實可以獲得確診的報告，但是，它最大的問題就是有創傷。因為要獲取胎兒染色體，所以要進行穿刺，就是要用器械穿過子宮，進入羊膜腔，抽取羊水或者臍帶血，那麼這就有相應的風險了。主要的風險，包括子宮內感染、流產、臍帶穿刺部位出血等。更多人關心的是穿刺造成的流產問題，這個流產率，不同的報導有所不同，差不多是 0.5‰ ～ 0.5%，ACOG（美國婦產科學會）給的資料是 1/300 ～ 1/500，總體來説是安全的。

雖然説是相對安全，但畢竟有創傷。唐氏症在人群中的發病率也就大約

1‰，而做這種有創傷的檢查，會有 1/200 的流產風險。就是說如果你什麼檢查都不做，或許也有 99.9% 的機會是什麼事都沒有的，而做了這個產前診斷，反而會使自己有 1/200 流產的風險——為了 1‰ 的可能，去冒 1/200 的風險，這筆賬不划算！因此，為了大約 1‰ 的概率，讓全部孕婦去做有創傷的產前診斷，顯然是犯不著的，而且大多數人也不會願意去做。所以，就有了產前篩檢。

● 唐氏症篩檢進化史

產前篩檢的目標是全體孕婦，其目的就是通過一系列檢驗，把胎兒可能有問題的那批人先找出來，然後進一步進行檢查，在可能有問題的人裡找出確實有問題的，然後再進行處理。

篩檢既然是用於全體孕婦的，那麼就要考慮成本問題，也就是這個篩子的篩孔，不能做得太大，也不能太小，篩孔的大小形狀最好恰到好處，篩完之後，把好的都留下，不好的全都篩出去。因此，我們需要一種創傷低、成本和風險都小、檢出率高，同時漏檢率又低的檢驗指標。

事實上，這樣的檢驗指標真的是太難找了！

最開始，我們做篩檢的指標只有一個，就是年齡。因為發現 35 歲以上的人懷孕，唐氏症的發生率明顯升高，於是把 35 歲以上的孕婦定為高齡產婦，同時對 35 歲以上的孕婦進行進一步檢查。但是，按年齡來篩，實在是太粗線條了，隨著生育年齡後推，篩檢完以後，還是有很多人。而且，

年齡小的人中也有相當一部分懷了唐氏症的胎兒。於是，人們繼續尋找各種各樣的方法來進行更好的篩檢。

後來有人發現，血液裡有一種叫作 AFP 的東西（沒錯，就是甲胎蛋白，也是一種腫瘤標記物），當胎兒有神經管畸形的時候，AFP 會升高。再後來，又有人發現，胎兒是唐氏症的時候，AFP 會下降。於是，人們想，是不是可以把 AFP 作為一種指標，來篩檢這些畸形呢？

然後，人們研究了大量的 AFP 資料，結果發現，很多正常人和患者，在資料上竟然是重疊的！就是説有一些陽性資料的可能是正常人，而資料顯示正常的也可能是患者。因此，大家認為單用這一種指標來篩檢，準確率太低。

再後來，人們又陸續發現了幾種指標，比如 β-HCG、PAPP-A、uE3 等，當把幾種指標綜合起來的時候，準確率就升高了。醫生把每個指標的測量值，根據不同的孕週、年齡，通過軟體換算成可能得病的概率，這樣就出現了你報告上的那些分數，比方説 1/3000、1/200 之類的。這個分數越低，説明你得病的風險越低；這個分數越大，説明你得病的風險越大。

● 唐氏症篩檢完了怎麼辦

下一個問題就是，通過唐氏症篩檢之後，什麼樣的人需要進行進一步檢查呢？這個分數，到底多大才算真的大呢？這就是一個切割值的問題，也就是篩子的篩孔。很顯然，這個切割值的分數定得越小，比如我定 1‰，凡

是風險值大於 1‰ 的都認為你有問題，那麼漏網的肯定會更少了；但是相應的，假陽性的也會越多，很多正常人就被冤枉了，明明沒事兒的，也被當作有問題的去進行下一輪檢查，會帶來不必要的浪費和孕婦的心理負擔。而如果這個分數定得太大，比如定 1/100，只有風險大於 1/100 的才認為有問題，那麼被冤枉的肯定少了，但是容易出現漏診，本來確實有問題的人可能也會被當作正常人給放過去了。

於是，人們繼續研究發現，當把這個切割值設在 1/270 的時候，唐氏症的檢出率是 60%，假陽性率是 5%；而如果切割值降到 1/300 的時候，檢出率是可以提高到 65% 了，但相應的假陽性率也增高到 8% ～ 10%。大多數檢測機構選擇了 1/270 這個切割值。

另外，除了這種抽血化驗的篩檢之外，早孕期的超音波 NT 檢查，也是一種非常重要的方法。有報導說，如果把抽血化驗和超音波的 NT 檢查結合起來，唐氏症的檢出率就可以提高到85% ～ 90%，而假陽性率也只有5%。

好了，現在已經把可能有問題的人篩選出來了，比方說有的人風險值是 1/150，那麼下一步怎麼辦呢？前面說了，前面的那些方法，都是篩檢的方法，並沒有直接針對染色體進行檢查，而是通過對和疾病相關的一些指標進行檢查，來推測可能的風險。那麼就有可能漏檢或者冤枉正常人。因此，這些篩查出的高危人群，就應該去做產前診斷了，就是前面講到的那些有創傷的檢查。讓這些篩查高危的人去冒 1/200 的風險，還是值得的，因為得病的風險要比這個 1/200 更大。

同時也要說明的是，既然劃定切割值的時候有漏檢的可能，那麼就存在雖然篩檢屬於低危險，但實際上還有患病的可能，這就是開頭提到的篩檢低風險，結果最終還是生出唐氏兒的情況。出現這種情況確實非常遺憾，也令人同情，但是，這是醫學發展的局限、醫學的不確定性造成的，是上帝對人類的戲弄，醫生也是人不是神，所以，這不在醫生可以控制的範圍內。

科普結束，準媽媽們可以回來了。跳過了前因後果的科普，但是有幾個結論還是要知道的。

◎如果唐氏症篩檢顯示高危，就是說風險值大於 1/270，還是很有必要抽羊水或者抽臍血檢查以明確診斷的，即使它們屬於有創檢查，存在各種風險。

◎篩檢不屬於高危，但是風險值也比較高，比方說 1/400，醫生可能沒有建議做產前診斷，但是會告知風險。因為這個分數越高，風險也越高，而產前診斷也有相應的創傷風險，如流產。所以，你需要和家人一起認認真真地思考這樣一個問題：是更希望要這個孩子，無論他是健康還是疾病，還是更希望要一個健康的孩子？當然，還有一種無創基因檢查也是不錯的選擇，不過，該檢查僅對三體疾病敏感，而對少見染色體疾病就有局限性了。

◎既然唐氏症篩檢準確率這麼低，孕期是不是真的有必要做呢？這項篩檢的目標是整體人群，而不是某個人，60% 的檢出率確實低，5% 的假陽

性率也確實高，但是，百分比的絕對值沒有意義，要看和誰比，要是和零檢出率相比呢？對於那些通過篩查、診斷，最終發現異常並終止妊娠的孕婦來說，這個篩檢的意義可大著呢！

◎唐氏症篩檢準確率這麼低，為什麼不直接做產前診斷？產前診斷最大的問題是有創傷，有一定的風險。為了這麼一個 1‰ 的可能，去冒羊膜穿刺的種種相關風險，實在是犯不著。

第四章

寶寶在子宮內
的生活

前面講的幾個孕期併發症都是源自母體。而懷孕除了母體的變化之外，自然還有和胎兒有關的事情。

如果說子宮是寶寶居住的第一間嬰兒房的話，那麼羊水、臍帶、胎盤就相當於嬰兒房裡的配套設施，在醫學上，我們稱其為「胎兒附屬物」。這些配套設施當然是為了配合胎兒生長發育的，它們是連接媽媽和寶寶的橋樑；而如果這些配套設施出了什麼問題，那麼，出現危險的可能不僅僅是胎兒。

這一章，就專門講講「嬰兒房」裡的這些物件。

01
羊水能載舟，亦能覆舟

在逐個介紹這些配套設施之前，有必要先來參觀一下這個「嬰兒房」。寶寶來到這個世上居住的第一個房間當然就是子宮了，而這個房間裡充滿了羊水。人類是不能在水裡呼吸的，所以胎兒在出生之前肺是沒有被打開利用的，寶寶所需的氧氣和營養物質全部都由臍帶供應。這條細細的臍帶一頭連著寶寶的肚臍眼，另一頭連著胎盤。胎盤外觀看上去就像一個圓餅，但如果放到顯微鏡下看，就會發現有無數像樹根一樣的東西紮根在子宮壁裡。這些「樹根」在醫學上被稱為胎盤絨毛。胎盤的這些「樹根」有多少呢？如果我們把這些紮根在子宮壁裡的絨毛都鋪平的話，面積大約是 14 平方公分，足夠做一個寬敞的臥室了！而子宮壁內的血管則是毫無保留地向這些「樹根」敞開的，血液是極其豐富的，可以說，胎盤的這些「樹根」就是完全「泡」在子宮裡。

研究發現，到了孕晚期，母體子宮血管內的血液以每分鐘 500 毫升的流量進入胎盤的絨毛間隙，就是說母體每分鐘就要有大約一瓶礦泉水的血量被送到胎盤位置，供胎兒從中吸收養分。人體內全部血液總共 4000 至 5000 毫升，就相當於每分鐘會有 10% 的血液流經胎盤。在對「嬰兒房」有了大致上的瞭解之後，我們再來逐一對這些設施進行介紹。

● 羊水的主要成分是胎尿

先說說羊水。羊水是什麼呢？從來源上講，羊水的主要成分就是胎尿，當然還有少量其他來源，如羊膜分泌等，但是主要還是胎尿。前面說過，胎兒居住的子宮腔裡充滿了羊水，但是胎兒也不是簡單「浸泡」在羊水中的，他還會和周圍的羊水有互動，比如說吞咽。足月的胎兒在子宮腔裡每天可以吞咽 500 ～ 700 毫升的羊水，相當於每天喝一瓶礦泉水。所以，說人是吃屎長大的恐有不妥；但是，說人是喝尿長大的，那絕對是有科學依據的，而且，還不是一般的尿，百分百純天然的童子尿！可別覺得噁心啊，別想像成你自己的小便，胎尿和成人小便完全兩碼事。胎兒在子宮裡面，沒有受到一點兒外界塵世間的污染，可謂冰清玉潔，羊水裡也就只有少量激素和無機鹽。

由此可見，羊水在子宮腔裡不是一潭死水，而是一邊在生成的同時，一邊又通過各種管道被吸收回去，比如寶寶的吞咽，所以，羊水是在動態變化的。那麼，羊水的量就不會是固定的值，而同樣是在不斷變化。所以，你去產檢做超音波測量羊水指數，每次的數值都不一樣，可能上次指數只有 8 公分，這一次就有 13 公分了，說不定就差了一泡小便呢。只要羊水的量在正常的範圍內波動就是正常的。

● 羊水栓塞症狀沒那麼複雜，但很可怕

《道德經》上說：「天下莫柔弱于水，而攻堅強者莫之能勝，以其無以易之。」水，自身無定形、無定向，可「處眾人之所惡」，可謂「大象無形」，

因此也最讓人琢磨不透。就像羊水，當它在子宮裡的時候，是胎兒生長發育不可或缺的環境；但是，如果它去錯了地方，結果可能也是毀滅性的。

曾經有一次，春哥前一天夜班，一直到第二天中午還沒下班，在餐廳碰上他，人看上去還很興奮，簡直就跟打了雞血一樣。

「春哥，還以為你已經回家了，忙了一整晚了怎麼還在啊？進化成鋼鐵人了？」

「昨晚又搶救了，還要寫紀錄，這才剛忙完。」

「又搶救了？快說說，什麼情況？」一聽說有搶救，我精神也來了。

「羊水栓塞。」春哥吃了口菜，輕描淡寫地說了這麼四個字。我頓時一口飯差點兒沒噴出來：「什麼？羊水栓塞？」

「是啊。」雖然春哥的語調依然平靜，但是，從他微微上揚的眉毛和上挑的嘴角中，我看到一絲得意的微笑。

「現在患者情況怎麼樣？」

「要是患者情況還不穩定，我還能在這兒吃飯嗎？」春哥得意的微笑漸漸在臉上暈開了。

「哇！這次真的是信春哥，得永生了啊！」 春哥笑而不語，低頭吃飯，感覺他此刻已經沉浸在巨大的成就感之中了。

「快快，具體說說，怎麼發現的？產前還是產後發生的？」

「我想應該是產前就發生了。是一個凌晨拉產鉗的患者，胎心突然減速，考慮胎兒子宮內缺氧拉的產鉗，結果胎盤出來以後就一直不停地出血。這種出血跟平時胎盤娩出後的出血很不一樣，正常的應該是一陣湧出之後馬上就少下去了，就算宮縮不好，再出血也應該是一陣一陣像噴泉一樣地往外冒。但是這個患者的出血很不一樣，是不停地流血，就像河水一樣持續不停地流，顏色鮮紅。」

「哦，那應該是凝血功能出現問題了。」

「嗯，我當時就覺得不對，馬上抽了血去化驗。」

「那患者還有什麼其他症狀？比方說傳說中的大呼一聲就不省人事之類的？」

「你以為是拍電影啊？真正緊急的時候，哪有那麼熱鬧？『大音希聲』聽說過吧？有時候，安靜才是最可怕的！」

「那患者就沒有一點兒其他表現？」

「有啊，我當時邊縫合會陰邊問她有什麼不舒服，她說就感覺有點兒胸悶，透不過氣來，那時候血壓和血氧飽和度還是正常的。不過，這種出血表現，再加上這些症狀，我就開始懷疑是羊水栓塞了，所以馬上給了她兩支甲強龍（Methylprednisolone），然後叫血庫備血。」

「然後就好起來了？」

「要是馬上就好起來了，我現在就在家睡覺了！很快患者開始煩躁起來，本來還會回答我的問題，突然就不配合起來了，很急躁地對我說：「醫生，我都難過死了，你怎麼還沒好！」同時身體不停地扭動，血壓和血氧飽和度也突然下降了。我知道肯定出事了，趕緊打電話叫三線搶救。」

「當時出血很多吧？」

「到這個時候其實總出血量也不是太多，也就七八百毫升的樣子吧，最多一千毫升。就這點兒出血量，在咱們婦產科還真算不了什麼，但是急診查的凝血功能提示已經嚴重 DIC 了。羊水栓塞就是這樣，出血還沒有很多的時候，凝血功能已經非常糟糕了，然後反過來再引起更加嚴重的大出血。大出血不是原因，只是結果。」

「看來昨天晚上是真夠累的了。現在患者意識怎麼樣？」

「很清楚。我來吃飯前複查的凝血功能已經明顯糾正過來了。剛才我問患者當時有什麼感覺，她說有一種瀕死的恐懼感。」

● 醫生也要會「獨孤九劍」

一直到 21 世紀，全世界範圍內的產婦生孩子也還是有生命危險的，雖然孕產婦出現危險的概率在逐年下降，但仍然不容忽視。而羊水栓塞就是婦產科殺手中的絕頂高手，死亡率在 60% ～ 80%，即使是在歐美這樣的發達國家也概莫能外。用「九死一生」來形容羊水栓塞一點兒都不誇張。據統計，羊水栓塞是英國導致產婦死亡的第五大原因；而在新加坡，這一公認的衛生狀況位於世界前列的國家，30% 的孕產婦不良結局是因為羊水栓塞。

羊水栓塞除了結局差之外，還有一個更可怕的特點——發病急驟。這已經不是用「快」可以形容的了。因羊水栓塞而發生不良結局的患者中，大約有 1/4 是在出現症狀後的 1 小時之內發生危險的，而從出現症狀到最後的間隔時間，最短的只有 10 分鐘！可以說，羊水栓塞發病前通常都毫無徵兆，令人猝不及防，在醫生還沒反應過來的時候，患者已經失去搶救的時機了。

如此兇險的疾病，目前我們對它卻還知之甚少。究竟是什麼病因、什麼發病機制、發病後體內發生了怎樣的病理生理改變，目前都還不清楚。只是猜測，可能與羊水進入母體血液後引起的過敏反應有關。但是，後來又有人發現，在正常孕婦血液中也可以查出羊水成分，而實際上羊水栓塞的發病率卻遠沒有那麼高，只有 1/3000 ～ 1/30000。對於這種疾病瞭解得如此之少，也就更讓醫生防不勝防了。

前面已經提到，羊水栓塞的一大特點就是發病急驟，所以，醫生在處理的時候，一個關鍵之處就在於反應要快。這就是醫生和死神賽跑，要盡可能快地趕在死神之前，把患者拉回來。但是，因為羊水栓塞的臨床表現多種多樣，等到各種典型的臨床表現都出來，足夠支持診斷了，那時候也已經晚了。羊水栓塞給醫生反應、處理的時間很短，所以，處理羊水栓塞，醫生要像《笑傲江湖》中的「獨孤九劍」一樣，「料敵先機，後發先至」。

可以說，死神手下有幾個向醫生宣戰的頂尖級殺手，而每個婦產科醫生腦子裡，都裝滿了這些殺手的慣用招數，等待殺手們隨時過來挑戰。碰上可疑症狀的患者，都會在腦子裡過一遍，看看符合哪種情況，首先找出針對絕招的應急預案。但是，既然是頂尖級殺手，它如果總是按常理出招就好了，它總是喜歡先散佈煙幕彈，冷不防發個絕招，讓你猝不及防。

所以，每個婦產科醫生都不會放下戒備的心。在那個夜班，春哥與羊水栓塞這個絕頂高手遭遇、過招，憑藉他機警的反應和深厚的專業素質，最終戰而勝之，把患者搶救了回來，他臉上得意的微笑也就不難理解了。相信這種巨大的成就感和滿足感是其他任何職業都無法帶來的。

02

臍帶——
胎兒在子宮裡的生命管道

2004 年有一部非常精彩的電影叫作《蝴蝶效應》，主角可以一次次地回到從前，在人生選擇中做出一些改變，以期讓未來更加完美。相信很多人也有過類似的想法，幻想假如讓自己重來一遍，結果一定更好。不過，電影卻告訴我們，其實未必。因為，你一個選擇的改變，可能會像蝴蝶效應一樣引起連鎖性的改變，從而使最終結果遠沒有你想像得那麼理想，甚至會更糟。當然了，本書是一本科普孕產知識的書，雖然討論的是人生的起點，不過也無意抒發對人生的感懷。之所以提及這部電影，是因為電影的導演剪輯版的結局確實和本書有關。在那個版本的結局中，主角最終選擇了重新回到母親的子宮中，牢牢地拉緊了臍帶——他最終選擇放棄來到這個世上。

電影只是電影，現實中是不會出現肚子裡的胎兒自己拉緊臍帶勒死自己的情況的。胎兒在肚子裡可沒有那種意識，他們沒辦法持續做這個動作。而且，電影中胎兒拉緊臍帶的時候，他的媽媽反應強烈，甚至能感覺到他在拉臍帶——這也是不可能的，因為孕婦可以感受到的子宮上的疼痛是來自子宮的收縮，而臍帶被繃緊、胎兒缺氧時，是沒有神經感受傳遞給孕婦的，所以孕婦也就無從知曉了。雖然胎兒不會在子宮裡做持續拉緊臍帶的

動作，但是，臍帶中的血流確實有可能被阻斷，從而引起胎兒缺氧，而且，這個過程孕婦是沒有異常感覺的。

● 臍帶扭了 22 圈

我到婦產科的第一天，除了見識到了一次子癇抽搐外，根據我的日記記載，那一天我還見識到了一個引產的病例。

這是一個懷孕僅僅 25 週的孕婦，到醫院的時候胎心、胎動都已經消失了，所以進行了引產。孕婦平時身體健康，沒有妊娠期的併發症，但是早孕的時候做超音波發現子宮稍微有一點兒縱隔。子宮縱隔就是指在子宮宮底的位置生出來一條隔擋，把子宮本來的一個房間分隔為兩個房間。這個孕婦屬於不全縱隔，就相當於在房間裡放了一道比較窄的屏風，並沒有完全分隔開來，大部分還是一個房間的。既然懷孕了，說明縱隔沒有影響著床，所以就繼續妊娠下去了。沒想到才 6 個月，就發生了這樣的不幸。

那麼這道窄窄的屏風，是怎麼影響到胎兒的呢？這要到引產之後才能知道。

胎兒被娩出來之後，我們發現，那條細細的臍帶像扭麻花一樣，密密地扭轉了 22 圈！你拿一根粗一點兒的線扭一下就能體會到，當臍帶發生扭轉的時候，張力其實是變大了，尤其在臍帶插入胎盤的位置，可能就會被拉細，從而導致缺血。胎兒的生命線被阻斷了，於是悲劇就發生了。

其實，正常情況下，臍帶也會有一些生理性的扭轉，但是這個扭轉的角度很緩和，一般也就 6 ～ 11 圈，不會對血流造成影響。那麼，這個胎兒的臍帶為什麼會扭了這麼多圈呢？我們猜想，也許是因為那道屏風，使得子宮腔這個房間的形狀變得不規則，胎兒在房間裡活動的時候不是隨心所欲的，而是有可能受限制的，只能向著某一個方向活動，時間長了，臍帶可能就會發生這樣的扭轉了。

因此，子宮的畸形也是發生晚期流產和胎心突然消失的危險因素。

● 監測胎動比家用胎心機管用多了

那麼，對於孕婦來說，發生這種事情就一點兒感覺都沒有嗎？確實有可能是這樣的。這種臍帶的異常，即使做超音波檢查，也幾乎沒辦法發現。因為臍帶因素而出現的胎心突然消失，確實很難提前防範。我們不只一次地在接生之後才發現，原來這個寶寶的臍帶打了個死結！然後慶幸這個寶寶的命真大，因為那個結還沒有完全打緊。

如果說會稍微有點兒幫助的，那可能就是準媽媽們要注意平時的胎動了。準媽媽們要熟悉胎兒胎動的習慣，他每天也是有自己的作息的，而可以熟悉他在子宮裡的作息習慣的，就只有媽媽一個人——根據他的胎動情況來判斷。通常情況下，只要胎兒的胎動習慣沒有什麼改變，那麼應該還是安全的。而如果發現胎動有異常，比如胎動特別劇烈，或者平時這個時間都會動得比較多，今天動得很少，甚至有一段時間沒有什麼胎動，那麼就要提高警覺，盡早到醫院就診了。

有孕婦説網站上有人在賣家用胎心機的，是不是可以依靠在家裡聽胎心來監測胎兒在宮內的安全，只要胎心的次數正常，那麼就可以放心了？ 這裡提醒各位，這種家用胎心機，平時拿來聽一聽、解解悶是可以的，但如果胎動發生異常，可千萬別以為自己聽聽胎心還正常就不當回事兒了。在醫院，醫生做的胎心監護是要監測一段時間內的胎心變化的，而在缺氧的早期，可能胎心還是正常的，等到你在家裡聽到胎心慢下來了，估計到了醫院也來不及了。

所以，對於孕婦來説，最好的監測胎兒在子宮內情況的方法，就是每天關注他的胎動情況。

● 臍帶繞頸沒那麼可怕

相比起臍帶扭轉，準媽媽們接觸更多的可能是臍帶繞頸。發生臍帶繞頸的情況明顯比臍帶扭轉多很多，而且超音波也可以很容易地發現。更重要的是，和臍帶扭轉比起來，臍帶繞頸要安全得多了。

脖子是人體比較脆弱又很重要的位置，裡面有大血管和氣管通過，又缺乏強壯的肌肉保護，所以如果脖子被勒住了，那可就不得了的。而如果勒脖子那根「繩」又是臍帶呢，就更不得了了。臍帶裡是給胎兒供氧的血管，如果胎兒的脖子被吊起來了，那臍帶不就被拉緊了嗎？ 這可太危險了！

其實還真沒那麼危險。很多人把臍帶繞頸想像成「上吊」一樣的場景，但其實不是那麼回事兒。上吊是一根繩子從上面掛下來，吊在脖子上，當身

體向下墜落的時候，脖子就被勒住了。而臍帶繞頸的這根「繩」不是從上面掛下來的啊，它是從肚臍眼發出來的，你想，從肚臍眼拉一根繩子繞在脖子上，怎麼能勒得緊呢？它會從肩膀上溜下去的啊。再説了，既然胎兒可以自由活動，臍帶可以繞得上去，同樣也可以繞得下來，所以説，如果超音波發現臍帶繞頸，大可不必擔心。有些人看到臍帶繞頸就緊張得不行，要求剖腹產手術，這就有點兒過於焦慮了。別説臍帶繞頸一圈了，就是繞了兩圈、三圈，也並非無法以陰道分娩的方式產下胎兒的。

當然，這並不代表臍帶繞頸就一點兒風險都沒有。臍帶繞在脖子上，相當於臍帶的實際長度被縮短了，那麼在分娩的時候有可能會阻礙胎頭下降，延長產程。

另外，如果繞的圈數太多或者太緊，有可能會使臍帶內的血流受到影響。不過這都是比較少見的現象，即使出現了再去做剖腹產一般也都來得及。所以，發現臍帶繞頸是不用大驚小怪的，只要順其自然，對胎兒做好監護就可以了。

03

胎盤——
是生命線，也是原子彈

講完羊水和臍帶，最後再説説胎盤。可以説，胎盤就是一個儲血的大倉庫，是胎兒在子宮內發育的生命線。

正常情況下，胎盤定植的位置是在子宮體上，分娩的時候，胎兒首先經過子宮頸從陰道內分娩出來，隨後，在半個小時之內，胎盤自然剝離。當胎盤剝離的時候，這個大的儲血倉庫會有一陣比較大量的出血，那是一時刻恰巧存放在倉庫內的血液。隨即，因為胎兒已經生出來了，子宮內的容量明顯下降，所以子宮會發生強烈的收縮。就像在第一章中提到的那樣，隨著子宮的收縮，子宮壁上的肌肉會像一道道閘門一樣，緊緊卡住子宮內的血管，從而產生壓迫止血的作用。所以，雖然在孕期胎盤內有大量血流經過，但是正常分娩之後，隨著子宮的收縮，這些血管會被卡牢，所以產後雖然會有一定量的出血，但通常不會超過 500 毫升，這樣的出血量對於產婦來説，影響是很小的。

人是大自然設計的運行極度精密的儀器，環環相扣，叫人不得不讚歎造物主的神奇。但是，如果哪個環節出了問題的話，後果可能就非常可怕了。比如胎盤，正常的時候它是對胎兒至關重要的生命線，而當它出現問題的時候，可能就是一顆致命的原子彈！

● 再淡定的醫生碰上胎盤早剝也緊張

前面提到過我的偶像徐子龍，專業技術可謂精湛，處事沉穩瀟灑，幾乎沒見他緊張過——幾乎！他不緊張，是因為在他看來事情都還沒急到份兒上，都還在他的掌控範圍內，既然有辦法一一化解，幹嘛還要緊張？不過，我確實見到過龍哥緊張的樣子，那次是真的碰上急的了——胎盤早剝！

當時患者是因為騎車摔倒了，結果肚子著地，然後就是腹痛，沒有流血。等來到我們醫院急診的時候，肚子的張力已經很大了，胎兒心跳也很慢，孕婦心跳加速、血壓下降，出現了休克的症狀。這種情況下，醫生做出診斷其實是不難的，但問題是診斷不是目的，更重要的是得趕緊解決問題。

對於這種嚴重胎盤早剝的患者，急診做剖婦產手術是唯一的出路。於是急診馬上通知住院部的醫生接管，被通知到的正是徐子龍。龍哥當然也不敢怠慢，跟急診說，住院手續先慢慢來，以後有的是時間再補，趕緊把患者直接送手術室。我當時正在手術室等待開刀，於是就見到了龍哥緊張的樣子。

患者是白天來急診的，那個時候手術室裡的手術正如火如荼的進行著，當龍哥急速地推著患者衝進手術室的時候，所有手術台上都已經排好患者了。

「沒有手術台了？」龍哥急了。

「不行不行，絕對不行。血壓下來了，血壓下來了，再不開就沒了。得給我手術台，得給我手術台！」徐子龍額頭上滲著汗珠，不知道是緊張的還

是推著患者跑過來累的。

看著徐子龍在那兒反反覆覆地絮叨著同樣幾句話，當時手術室的人都知道，龍哥也有點兒 hold 不住了。

「徐子龍都緊張了，那這事兒有點兒大，誰那兒還有沒開進去的啊？」雖然很多人都還不瞭解具體什麼情況，但是徐子龍的為人大家都還是清楚的，他能急成那樣，這事兒一定小不了！

● 已經上了手術台的患者又被拉下來了

當時在等待我開刀的是一個懷著雙胞胎患者，剛剛要擺好體位準備打麻醉，既然碰上這樣的急診了，也只能去向患者解釋讓手術室：「現在有一個很急的患者，要馬上手術，沒有空著的手術室了，只有你還沒打麻醉，就只好委屈你配合一下，幫忙讓一下手術室吧。」

「啊？讓手術台？我的手術不做了嗎？」患者顯然有些不情願。

「不是不做了，是時間要延後一點兒。有個很急的患者，能早做一分鐘就有一分鐘的希望，所以要配合一下先給她手術。具體沒時間解釋太多了，我先代那個患者謝謝你了！」

就這樣，那個懷著雙胞胎的患者只是在手術台上躺了那麼一會兒，麻醉還沒打，就又被請到了準備室。僅僅要到手術台是遠遠不夠的，徐子龍一邊

洗手一邊吩咐麻醉師：「不要打硬膜外了，局部麻藥給我打到台上，我先局部麻醉下把孩子撈出來，然後你再上全麻吧。」

這是我見過最快的術前準備，最快的進腹。胎兒很快出來了，很遺憾，最後沒有搶救成功；但是，因為之前足夠節省時間，子宮還是保住了，子宮保住了就等於保住了希望。

胎盤早剝，顧名思義就是本來應該在胎兒娩出之後才剝離的胎盤，在胎兒出來之前就提前剝離了。這可不得了，胎兒在肚子裡還指望胎盤獲取氧氣呢，你這提前剝離了，胎兒的氧氣從哪兒來？這就相當於把胎兒悶在肚子裡了。

前面提到，胎盤的背後是一個巨大的儲血倉庫，胎盤剝離之後要依靠子宮的強烈收縮來卡住子宮內的血管，從而達到止血的目的。可是，如果胎盤剝離的時候，胎兒還沒有出來，那麼子宮內的容積太大，根本沒辦法有效地收縮止血，於是，還會源源不斷的有血液被供應到胎盤附著的位置，從而造成嚴重的失血。

不僅如此，如果失的血可以從子宮口流出去還好，但如果胎盤剝離的位置很高，失的血根本流不到外面，反而繼續積在子宮裡面，那麼子宮內的張力就會繼續增大。當張力大到一定程度的時候，甚至會把子宮裡的積血壓到子宮壁裡去，造成子宮肌層纖維的斷裂。這就好像房間裡的水太多了，就會被擠壓到牆壁裡去，造成牆壁內鋼筋的斷裂，到那個時候，就算把胎兒娩出來，積血清空，把子宮的容積減下來，子宮也很難良好地收縮了，

因為肌層被損傷了。子宮不收縮就等於大出血，為了搶救生命，最後就只能把子宮切掉。這種積血被壓迫進入子宮壁的現象，醫學上稱之為「子宮胎盤卒中（uteroplacental apoplexy）」，是一種非常危急的情況。

胎盤早剝的嚴重程度也跟胎盤剝離的面積有關，如果剝離面積比較小，那麼出血可能也不會很大，所以，並不是所有胎盤早剝都像龍哥碰上的這麼緊急。當胎盤早剝還沒到非常嚴重的時候，醫生診斷也就不那麼容易了。不過，不管嚴重程度如何，如果孕晚期出現了外傷，或者肚子受過嚴重撞擊，或者出現不明原因的陰道流血，都應該警惕胎盤早剝的發生，及時到醫院就診。

04
前置胎盤——
擋在門口的一道牆

除了胎盤早剝，還有一種和胎盤相關的重病，叫作前置胎盤。本來胎盤的位置應該在子宮體部，分娩的順序應該是寶寶先出來，然後才是胎盤。而前置胎盤顧名思義，就是胎盤的位置擋在寶寶的前面了，相當於在產門的裡頭又加了一道牆。根據胎盤這道牆阻擋產門的程度，又分為邊緣性前置胎盤（「牆」緊挨產門，還沒有擋上）、部分性前置胎盤（擋了一部分產門）和完全性前置胎盤（完全把產門擋住了）。因為胎盤的位置太低，所以子宮在增大的過程中，下段被拉長，胎盤和子宮壁之間會發生錯位，從而引起孕期無痛性的陰道流血。如果流血的量不大的話，還可以再延長一下孕週；但如果出血很多，大人都要休克了，那麼就只能終止妊娠了。

要說起來，如果胎盤把產門擋住了，寶寶沒法經過產門生出來，那麼做剖腹產不就行了嗎？還真不是這麼簡單。因為剖腹產手術的部位是在子宮的下段，也是比較低的位置，這裡切開子宮進去也是胎盤。為了把寶寶能撈出來，得先撥開一部分的胎盤組織，相當於以人為方式先把胎盤輕度早剝了，騰出地方來，然後再趕緊去撈孩子。除此之外，因為胎盤附著的位置不好，子宮下段土地肥沃程度明顯要比體部的差，所以胎盤要想獲得充足的養料，就只好擴大面積，同時把樹根往深紮，這樣就造成了前置胎盤的

病人胎盤面積特別大，而且胎盤和子宮壁貼得非常緊密，我們稱為胎盤粘連。而如果胎盤的樹根紮到子宮的肌層甚至紮穿子宮了，我們稱為胎盤植入。胎盤粘連尤其是胎盤植入，都會嚴重影響子宮收縮，引起難以控制的產後大出血。

對於孕婦來說，發生了前置胎盤那可真是遇上大事兒了，最好是到大醫院就診。不過，就好像明星高中的學生也不一定都能考上大學一樣，即使是大醫院，醫生水準也有高低。

● 找醫生也不能迷信職稱頭銜

我們醫療小組，除了蔣玉和我，我們的上級醫生就是霍主任。霍主任已經做了十年的副主任醫師，但就是晉升不了正高，原因就是一個——論文不夠！

如今醫院裡醫生職稱的晉升，臨床水準如何並不重要，最關鍵的要看你有沒有課題，有沒有科研論文。就算你手術沒做過幾例，但是論文發表得夠兇猛，那麼晉升職稱總是不成問題的。而那些醉心臨床的醫生，實在懶得去搞科研，那麼你手術做的再漂亮，能晉升到副高已經算不錯了。醫院裡規定的專家門診、名醫門診，其實都只是按照職稱來排的，如果你的職稱還沒有晉升好，那麼不管你臨床水準如何，有些門診也都沒資格看。

所以，以後去醫院看病，也別太迷信醫生的頭銜，可能真正臨床水準高的醫生，還真沒什麼高的頭銜。曾經有位學校長官要來開刀，拜託院內主管

幫忙找個水準好的醫生，院內主管開玩笑地問他，兩個醫生，一個是正高博士，論文發了很多，所以臨床上被分散了一些精力，但是可以看「名醫門診」；另一個是多年的副高碩士，沒啥論文，但是整天就泡手術室那種，所以一直沒再升上去，平時是沒資格看「名醫門診」 的，您看打算選哪個呀？

其實所謂的名醫或真正負責的好醫生，不見得看職稱或頭銜。要想找可靠的醫生開刀，最好不要迷信，還是聽聽本院醫生的評價。而本院醫生當中，最好是聽聽麻醉醫生的評價，因為麻醉醫生長年駐紮在手術室裡，每個醫生的手術情況都盡收眼底，自然會有比較。所以，如果麻醉醫生們認為手術好的，那麼應該就是可靠的。

我們組的霍主任就是整天泡在臨床的一位，而對於職稱的晉升看得很淡。她常說，我就是個普通醫生，也沒有什麼太高的追求，只要能把病看好，把手術做好就行了，至於科研嘛，總會有人去做的。如果說「醫癡」徐子龍就像是醉心武學的周伯通的話，那麼霍主任就是對門派之爭懶得理會的風清揚。

● 一個前置胎盤手術，就是組織幾個科室的大會戰

有一次，我們這組接收了一個前置胎盤患者；而且，這個患者之前還做過一次剖腹產手術。對於這種之前做過剖腹產的瘢痕子宮，同時又合併前置胎盤的，在醫學上還另外給了它一個名字——兇險性前置胎盤。是不是單看名字都有點兒毛骨悚然了。前置胎盤已經夠兇險了，它這還是前置胎盤

裡的兇險型，簡直就是飛機中的戰鬥機、特工裡的 007 啊！之所以說它兇險，是因為胎盤跨過子宮上的瘢痕，而瘢痕位置肌層薄弱，很容易出現植入，甚至穿透性的植入，就是胎盤直接往子宮外面長了。而子宮的前面就是膀胱，所以，甚至會有胎盤穿過子宮侵入膀胱。這種情況的手術，大出血是必然的，甚至子宮切除的可能性都非常大。可以說，兇險性前置胎盤，你不去碰它，手術之前可能不會有太多出血；而一旦手術開進去了，那就是捅了蜜蜂窩了，不，應該是開了洩洪閘，會不斷地有鮮血湧出。

不過，這樣兇險的病例，在霍主任那兒倒也不是什麼新鮮事物了，之前已有過多次交手。所以，這次患者住院進來，霍主任處理起來也是輕車熟路。

「術前先做個超音波和核磁共振，詳細瞭解一下胎盤位置和植入情況，提前計畫好切開子宮的位置和胎兒娩出的路徑。跟血庫聯繫好，術中輸紅血球，並且備好充足的血源。和麻醉科、ICU 聯繫好，做好術中搶救準備。另外，手術之前通知一下新生兒科，術中一旦胎兒娩出出現窒息，需要他們幫忙。」

雖然面對的是一個患者，但是顯然霍主任正在組織一次大規模的會戰！這需要各個科室間的通力合作，需要手術前詳細周密的計畫，當然，更需要主刀醫生精湛嫻熟的技巧。

● 戰鬥打響前要先掃清周邊

在經過一番精心準備之後，就要開始手術了。而在手術劃刀之前，麻醉醫

生已經在靜脈裡給足液體作為儲備，而且，紅血球也已經拿到手術室裡了。霍主任逐層打開腹腔，只見子宮下段前壁血管怒張，最粗的有小手指那麼粗，而且還有很多根匍匐在那裡，就像警匪片中連接定時炸彈的一根根電線一樣。不過電影裡的電線有紅的有藍的，你得選對了剪斷，而這裡的血管每一根裡淌的都是血啊！這些恰恰印證了之前核磁共振片子上的表現——胎盤植入的情況非常嚴重，應該已經穿透到膀胱了。這種情況下如果貿然切開，這些粗大的血管會變成打開的水龍頭，毫無節制地向外流血，在胎兒還沒出來之前就已經造成嚴重失血了。所以，磨刀不誤砍柴工，霍主任先一根一根地分離出匍匐在那裡的血管，再一根一根地剪斷結紮，將其各個擊破，就像拆彈部隊剪斷炸彈的電線一樣。只不過對於這個手術來說，剪斷這些血管，只是有助於盡可能地減少出血量，但是還遠遠不足以拆除炸彈。

幾分鐘過去了，血管結紮結束，整個創面很乾淨，幾乎沒有什麼血跡。雖然這是清掃周邊的工作，但是，憑藉霍主任訓練有素的專業素養，並沒有花費太多時間。霍主任輕舒了一口氣，抬頭看了一眼麻醉醫生：「怎麼樣，準備好了吧？我要開工了！」

麻醉醫生對著桌上準備好的各種鹽水袋和抽好搶救藥品的針筒一仰頭：「開始吧！」

● 手術台上的醫生，就是戰場上的將軍

霍主任的手術刀切開子宮的那一刻，就是打響了戰鬥的第一槍，鮮血一下

子就湧了出來。然後她以極快的速度撥開阻擋的胎盤，伸手進子宮腔抓住胎頭。我馬上在子宮底的位置向下用力推壓，胎兒很快被娩出。我用吸引器盡可能地吸掉湧出來的血，使手術視野清楚一些。霍主任又快速伸手進去探查胎盤。

「整個前壁大面積植入，不要剝了，準備子宮切除吧！」子宮，對於女性的重要性不言而喻，一旦切除子宮，患者將永久性喪失生育能力。而子宮切除後對於患者心理上的打擊恐怕比喪失生育能力這一生理上的打擊還要大。但是，為了挽救產婦的生命，必須當機立斷！因為子宮已經打開了，現在可是在以每分鐘 500 毫升的速度出血，沒有時間讓你猶豫！都說在戰場上，將軍要善於把握住轉瞬即逝的戰機，我想這個「轉瞬即逝」再快，恐怕也比不過婦產科醫生在手術台上所要面對的「戰機」，而婦產科醫生也必須擁有戰場上將軍所必須具備的素質，因為這裡的轉瞬即逝，是真的「瞬間」，也是真的「逝去」。這一刻，為了挽救生命，真的需要付出一些代價，甚至是沉重的代價。

決定做好，霍主任馬上用兩把大的血管鉗夾住雙側子宮血管，並且把一塊大紗布塞進子宮腔壓迫止血。而另一邊，台下也馬上有醫生去和患者家屬談話，交代病情，簽署子宮切除的手術同意書。

最後，子宮被順利切除，手術結束，患者總出血量達到 4000 毫升，幾乎相當於體內的血液被換了一遍。有驚有險，雖有沉重的代價，但換來的是那聲嬰兒的啼哭和產婦的生命。

05

婦產科夜班：
你永遠不知道在前方
等著你的是什麼

馬上要過春節了，醫院裡各個病區都掛起了燈籠、剪紙，一派節日氣氛。只有產房裡，除了記事板上「歡度春節」四個大字之外，其他一點兒都看不到過節的樣子，更不要提「歡度」了。不過，大家空下來聊天的話題倒是有些年味兒了。比如，熟齡單身女性年關難過啦，小倆口去誰家過年啦，去哪個網站找便宜年貨等等。

那是我過年前的最後一個夜班。我的一線李笑人如其名，整天樂呵呵的，雖然屬於熟齡單身女性之列，不過她倒是一點兒都沒覺得年關有什麼壓力。

「找老公又不是菜市場買蘿蔔，眼睛掃一圈，順眼了就買走，買回家發現是爛蘿蔔大不了就扔了。那可是要過日子的，以前不讓我談戀愛，現在哪能說找就找得到啊！我媽他們現在也不敢催我，催我我就怪到他們頭上，誰讓他們以前管我那麼嚴呢。」

「你還真看得開。助產士玲玲比你小三四歲，前兩天就在著急自己老了會嫁不出去了呢。」

「這著急歸著急，我也想早點兒把這事解決了，但也不能隨便啊！這生孩子可以先生生看，萬一生不出來可以去剖腹產；結婚這事兒可不能先結結看，結了以後不合適再離，那事兒可就多了。」

「說到生生看，待產室2床的肚子看上去有點兒規模，現在是在生生看了，你得盯緊點兒，萬一產程不順利了，早點兒處理。」

「放心吧，我看今天產房其實還挺安靜的，這才有點兒過年的樣子嘛！」

● 暴風雨前的寂靜

產房夜班就是這樣，忙起來喝口水的工夫都沒有，不過平靜的時候也還是有些祥和的感覺的。於是我把產房交給李笑，自己回病房整理病歷去了。患者住院生個孩子，醫生護士好像就只是負責接生的工作，但實際上還有很多文書工作要做，各種紀錄、保卡、簽名，各種檢查單的列印。在國外，每個醫生都會配有專門的文書人員做輔助，因為醫生的勞動力是很貴的，雇用10個輔助人員恐怕也比雇用一個醫生便宜，所以，醫生只要處理臨床問題就可以了，而不用浪費太多的時間去做這些雜活兒。但有些醫院就不一樣了，醫生既要能開得了刀，又要能修得了印表機，而且還要每天加班，否則那堆積如山的病歷是沒法在規定期限內上交病案室歸檔的。

值夜班的時候還能有工夫整理病歷，這真是相當難得了，看來老天爺開眼了，臨近春節也給我過年啦！

病歷整理到將近 11 點，打電話叫李笑一起去餐廳吃點兒宵夜，順便也問問她待產室 2 床生得怎麼樣了。「我打算控制體重了，冬天不努力，春天徒傷悲，夏天徒傷悲啊！宵夜就免了吧。」

「你算了吧，控制體重那是孕婦的事兒，你這值夜班呢，得吃點兒東西補充好能量，後半夜還要工作啊！」

「大過年的也不說點兒吉利話，憑什麼後半夜要工作啊！」大概是被我說得有點兒緊張了，李笑最終還是來到了餐廳。

「待產室 2 床怎麼樣了？」我邊吃著餛飩邊問李笑。

「生啦！3900 公克的孩子，50 分鐘結束戰鬥！那第二產程看得真是讓人心情舒暢，眼睛一閉一用力，就看著小腦袋往外冒。是不是過年了，這地心引力也增大了啊，還是我的命好啊，生得這麼順利！」

「值夜班最忌諱說自己命好這樣的話了，萬一給老天爺聽到，就要給你點兒顏色瞧瞧了。」

「好吧，呸呸呸，算我沒說，老天爺我錯了還不行嗎。」邊說著，她還雙手合十地拜了拜。

「不過過年的夜班確實是要當心點兒，這種時間患者都不願到醫院去，有點兒什麼不舒服就想先忍一忍，等忍過年再到醫院去看。所以，這種時間

的夜班，要麼不收患者，要收可就有一個算一個，肯定不會輕了——那都是實在挨不過去的了！而且，有些醫院過年的時候人手緊張，碰上危急重症的也不願自己留著，不想大過年的給自己找麻煩，所以，有點兒什麼問題的也都喜歡往公立醫院或教學醫院送。全部都送到我們這兒，也就什麼病人都要接收，所以晚上還是要當心一點兒。」

這次李笑沒再說話，只是邊吃邊點頭，看來她是真的要給自己補點兒能量了。

宵夜吃完，後半夜開始前，我們一起去產房簡單查了個房，沒發現什麼大問題。於是李笑繼續駐守產房，我回到值班室，準備迎接未知的後半夜。

● 從病史彙報來看，孕婦已經是休克前期了

因為睡得很淺，所以手機鈴聲響一次就足以把我叫醒，一看時間是凌晨一點多。電話一接通，就聽到李笑語速極快地彙報病史：「喂，雞哥，聽到嗎？急診室剛來一個患者，經產婦，孕 34 週，沒有正規產檢，出血好幾天了，這次量特別多，目前宮縮比較緊，腹部張力比較大，陰道大量流血。今晚在當地醫院看過，做了個超音波提示胎盤在子宮後壁，因膀胱充盈欠佳，胎盤下緣顯示不清，就送到我們醫院了。我懷疑有胎盤早剝，目前胎心偏慢，只有 100 ～ 110 次 / 分，孕婦心率將近 120，血壓和氧飽和度還算正常。」

聽得出來她有些緊張，但是思路還是很清晰的，幾句話就把患者的基本情況講清楚了。陰道大量流血，孕婦心率增快，胎心減速，這些都是孕婦休

克前期的表現，幾個詞就足以讓我完全清醒過來了。

「馬上術前準備！有沒有通知血庫交叉備血？」邊說著我邊從床上彈起來，拎起身邊的白袍。

「血型、血交叉已經抽好，也開放了靜脈通路，我這正準備往手術室送！」靜脈通路不是醫院裡的通道，而是身體上的靜脈血管。因為人體休克後很多血管可能會扁掉，到時候想要再靜脈打針補液輸血就非常困難了，所以要趕在休克前，血管還比較充盈的時候，在大的靜脈上留置針管，掛上鹽水以備用。

「好，我馬上到！手術我和實習醫生做，你去找家屬談話。」這時候我已經衝向手術室了。

● 遭遇戰——戰鬥一旦打響，你就沒有退路

跑到手術室，患者已經在打麻醉了。我先去看了一眼心電監護，脈搏 120次 / 分，血壓、氧飽和度正常。護士彙報：「剛剛聽胎心 104 次 / 分，和送來時的情況差不多。」

「懷孕期間沒領孕婦健康手冊嗎？」

「第一胎懷孕和生都很順利，所以這一次就剛懷孕的時候做了個超音波。」患者回答。

「出血時間很久了？」

「也就兩三天吧，但是都比月經少一點兒。剛懷孕的時候也出過血，去看過醫生，也沒什麼事，休息幾天就好了，這次本來想過完年再到醫院看的。」

病史上也獲得不了多少資訊了，我轉向李笑：「手術簽字有沒有簽好？」

「簽好了。她老公已在那兒抹眼淚了。」

「行，還算疼老婆。趕緊打電話問血庫有沒有備好血！液體快速進去！胎兒只有 34 週，聯繫新生兒科的醫生到場！我去洗手了。」我一邊洗手一邊想，這個患者還算幸運，來到醫院馬上就有手術台可以用。醫院晚上的值班力量肯定和白天是不一樣的，通常夜班醫生要比日班管理更多的患者。如果急診患者來了，正好又有幾台手術在開，實在人手不夠，那麼就只能從家裡往醫院叫人，雖然可以保證半個小時之內趕到，但畢竟也還是要等半個小時啊。像這樣的重症患者，手術時間相差半個小時結果可能就完全不一樣了。所以，晚上的手術都是只開急診不開擇期手術，不能讓那些並不緊急的手術占用了急診資源。（擇期手術：術前有充足的時間，允許你做好充分的術前準備，就是說手術今天做還是明天做影響都不大，比如一些良性疾病的外科治療）

洗手、穿衣、戴手套，我以最快的速度進到腹腔，切開子宮下段——沒有預想中的血性羊水，而是紅呼呼的一團肉。

「胎盤！」兩個字從我嘴裡跳出，心裡已經在暗暗叫苦了。很顯然，我是急診碰上前置胎盤了。前置胎盤的患者最怕打無準備之仗了。前面提到霍主任做的那台前置胎盤手術，術前做超音波、核磁共振，充分瞭解了胎盤和子宮壁的關係，瞭解了胎盤的附著位置。手術開始的時候，麻醉醫生、眾多醫生、護士搶救人員都在邊上隨時待命，搶救藥品和備輸的血就在手邊，無論是戰略上還是裝備上，都是嚴陣以待了。霍主任「開始了」的戰鬥號角吹響的時候，他不是一個人在戰鬥，而是有一群搶救人員在場共同努力。所以，雖然那個患者有嚴重的胎盤植入，非常兇猛地出血，最後還付出了切除子宮的代價，但好歹子宮血管結紮掉之後，整個局面就已經完全在掌控之中了。

而眼下，就在這個晚上，完全不一樣！這就像夜間巡邏的小分隊，撞上了敵人裝備精良的主力軍，而且對對方的情況毫無瞭解，是完完全全的遭遇戰！但是，既然戰鬥已經打響，你就毫無退路了！前置胎盤大出血，雖然產婦已經有休克的表現了，但是此刻，還有一個生命更需要援救，那就是肚子裡的寶寶。要知道，手術開始的時候已經有胎心減速了，這個小生命可是更加脆弱、更經不起折騰！現在還不是顧及產婦出血的時候，而應該用最快的速度把寶寶救出來！婦產科醫生關係著兩條人命，在這一刻體現得淋漓盡致。可是，要救出寶寶總要先見著面吧，現在擋在面前的卻是胎盤啊！

● 飯要一口一口地吃，人要一個一個地救

這時候，我想起李笑彙報病史的時候說，當地超音波提示的是胎盤在子宮後壁，現在在前壁看到胎盤，那麼說明胎盤應該是從後壁跨過子宮口向上

翻到前壁上來的，也就是説，在後壁的胎盤應該是大部分，而前壁部分應該比較小，那麼繼續向上剝的話胎盤應該會比較少了。於是，我馬上沿著子宮前壁向上剝離胎盤。果然，手伸進去之後觸到了羊膜囊，立刻順勢戳破，手就進了羊膜腔。謝天謝地，我摸到了小腦袋！

寶寶，不要睡了，叔叔要帶你出來啦！ 我一手牢牢抓住胎頭，另一隻手用力向一邊撥開擋在前面的胎盤，同時助手幫我在子宮底上向下推壓，寶寶順利娩出，整個過程大約幾秒鐘的時間。

大概是被攪了美夢吧，寶寶一出來，雙手就做了一個向前摟抱的動作，並且哇地哭出聲來——多麼動聽的一聲啼哭啊！這證明寶寶在子宮內的缺氧只是暫時的，目前的反應都非常好，接下來就要交給新生兒科的同事們去處理了。但是，現在還不是鐘聲和讚美詩響起的時候，沒人有心情去欣賞小傢伙的哭聲，因為戰鬥還遠沒有結束，台上還有一個呢，而且還在出血！

「快，斷臍！吸引器！催產素！」邊説著，我的手再次進入子宮腔，這次是要探查並且試圖剝離胎盤了。因為術前對胎盤情況毫無瞭解，是否有粘連、植入，程度如何，全然不知。

「李笑，通知三線來一下吧。」

● 做醫生得知道自己幾斤幾兩

請示上級醫生這件事，還是非常微妙的。醫院既然安排了不同等級的醫生

值班，就是方便級別較低的醫生在處理不了問題的時候可以找得到援軍，還能有個依靠。一旦你請示了上級醫生，這個問題的責任就馬上轉到上級醫生身上了，你自己的壓力一下子就小了。但是，並不是碰上什麼事兒你都要去請示，這樣雖然是沒什麼責任了，但是，卻讓自己得不到鍛鍊，就像永遠斷不了奶的小嬰兒，什麼事兒都依賴別人，缺乏主見；另外，在上級醫生眼裡，你的臨床業務水準也就顯得比較低了，平時聊天說起來，「某某某那麼大點兒事兒也要請示，自己都搞不定」，那麼以後同事對你的信任度也要打折扣了。所以，不能什麼事兒都彙報。

但是，也不能什麼都不彙報。畢竟你的實力與經驗值有限，你得知道自己幾斤幾兩，遇上事情不彙報，你能處理得很漂亮則罷了，萬一出了差錯，你得想想自己是不是能擔得起。這個患者我一開始聽到病史彙報的時候，首先考慮是胎盤早剝，那麼如果手術馬上進行，能夠快速緩解子宮腔內壓力，沒有嚴重的子宮胎盤卒中的話，情況應該還是可以控制的。但是，現在情況有變，變成了急診的前置胎盤，出血量又比較大，搞不好要把子宮切掉，事情就不是那麼好處理了。這就好像孫猴子在花果山瞎鬧騰，玉皇大帝以為封他個齊天大聖就能把問題搞定了，沒想到這傢伙打到凌霄寶殿上來，以自己的手段怕是搞不定了，那麼就只好去請如來佛祖助陣了。

通知過三線之後，我又轉而問產婦：「之前有沒有流產過？」

「只是年輕的時候人工流產過一次。」

「幾歲的時候？」

「十八、九歲吧。」

之所以要問是否有過流產，是因為既往的人工流產手術，有可能會對子宮內膜造成損害，而且子宮腔內的操作病史，也是發生前置胎盤的危險因素。這個產婦雖然之前只做過一次人工流產，但是年齡比較小，而年齡越小，對生殖器官的損傷也就越大。一般女性小學或者初中的時候開始來月經，前面一兩年可能都還很不規律，到十七、八歲的時候，月經可能也就剛剛規律了兩三年，這時候，整個生殖系統還沒有完全成熟，這時候做人工流產，和二十七、八歲的時候做人工流產，損傷是完全不一樣的。佛說機緣皆有因果，年輕時的一時大意，可能會給以後的分娩帶來很大的麻煩。而子宮內膜損傷得越大，那麼胎盤粘連或者植入的可能性也就越大。

我嘗試著探了一下胎盤，感覺和子宮壁間粘得沒有想像的那麼緊，還是有希望的，於是我試著將整個胎盤剝出子宮。感謝耶穌、佛祖、聖母瑪利亞，胎盤被我剝下來了，雖然有些破碎，但拼湊一下還算完整。更加強力的縮宮藥物用上之後，出血就沒那麼洶湧了，但子宮下段的後壁還是有幾處像小噴泉一樣汩汩地冒著血。

● 孕期有情況，千萬別熬著

這時候，三線已經到場了，瞭解過病情之後，他看了看出血情況，說：「現在出血情況沒有那麼兇猛了，血也已經在輸了，患者情況還算穩定，我們的目標是盡可能地把子宮保下來，別管她以後生還是不生，能留住希望，在心理上也是完全不一樣的。」

「我看後壁這些出血的地方，應該是胎盤附著部位，血竇沒有完全閉合，而且在子宮下段缺乏收縮力。小田，你先試著在出血的位置上 "8" 字縫合一下，如果效果還不好，那就試著做宮腔填塞。」

「8 字縫合是外科縫合方法的一種，就是交叉進針，縫好之後，線像數字 "8" 一樣將縫合的位置捆紮起來。」

我按照三喚的指示，縫了幾個 "8" 字，效果不錯，幾個泉眼也被堵住了。局面已經大致控制，估計戰鬥基本結束。三線又囑咐：「這個患者回去還要繼續觀察宮縮和出血情況，天亮和早班交班時要注意凝血功能，當心術後血栓形成。」

手術總算結束了。回顧這場惡戰，患者出血大約 2000 毫升，是體內總血量的一半。雖然是遭遇勁敵，但我的運氣也還算不錯了。儘管是前置胎盤，但胎盤主要位於後壁，所以，胎兒娩出的時候相對容易一些；而且，胎盤的粘連不是非常嚴重，也沒有明顯植入，所以在胎盤剝出，應用強力的宮縮藥物之後，出血得到了基本控制。對於準媽媽來說，正規的產前檢查可以說是非常重要的，因為孕期漫長，你不知道什麼時候會出現急診情況，到時候醫生可能來不及完善各種檢查，他們可以獲得的資訊只能是來自產前檢查，所以，完善的產前檢查資料，對於醫生處理孕期急診情況至關重要。另外，孕期如果發生意外，比如陰道流血、流液，或者腹痛、腹脹，千萬不要自己熬著，別嫌麻煩，去醫院看看才是王道！

第五章

產房，
生命很神奇

產房，每天都有新的生命在那裡來到人間，相信很多人對那裡充滿了好奇，想知道那裡究竟是怎樣的地方。產房是迎接天使的地方，但是，產房裡的動靜，聽起來卻像恐怖的煉獄，充滿了各種淒厲的慘叫。就是產房中淒慘的叫聲和呻吟聲，讓很多在產房安過胎的孕婦，都對分娩充滿了恐懼感。而對於醫生來說，因為很多分娩的產婦要進行胎心監測，所以，產房的背景音樂就是「撲通撲通」的胎兒的心跳聲。想像一下，以每分鐘 140 次有節律的心跳聲作為襯托，你說話的語速也會不自覺地加快，再配以慘叫和呻吟，一種緊迫感油然而生。

在介紹了孕期的相關知識之後，接下來，我就要帶領大家到產房，來觀看一些生命誕生時的景象。

01

婦產科醫生就是
當了兵的秀才

說實話，在產房工作，永遠都處於戰鬥狀態。都說「秀才遇上兵，有理說不清」，而在產房工作的醫生，那就是當了兵的秀才，只戰鬥，不說理。因此，對於婦產科醫生來說，也沒有多少工夫去體會人生百態，也就真的不知道人生百態從何說起了。

● 俗話說「生孩子得把抽屜、櫥櫃全打開」

雖然生孩子的生理過程每個人都是差不多的，但是，各地風俗卻是千差萬別。我有個同學在產房生孩子，爸爸、媽媽、公公、婆婆一大家子人在產房外面等。開始生得還挺順利，沒想到過了兩個小時，產程停住了，醫生出去向家屬交代病情，讓他們再耐心等一等。這時候，婆婆開始犯嘀咕了：「都打開了啊，怎麼還生不出來？」
我同學的爸爸不明白什麼意思，就問親家：「什麼打開了？」

「家裡的抽屜、櫥櫃全都打開了啊。」

「啊？你是說他們小倆口家裡的抽屜、櫥櫃？」

「是啊，今天我來醫院前，一大早先去了他們家，把這些門都打開了，要打開才生得出來啊！」

「嗨！你看看，女兒讓我把產後束腹帶拿過來，我也是來醫院前去了他們家一趟，結果發現抽屜、櫥櫃門都打開了，還以為招賊了呢。檢查了一下，好像也沒丟什麼東西，就又都關上啦！」

「啊？你全關上啦？那可不成！難怪生不出來！」 於是同學的婆婆立馬回家開抽屜、櫥櫃門去了。說來也巧，婆婆開完抽屜、櫥櫃門，還沒趕到醫院，我同學竟然順利生出來了！估計她婆婆一定覺得自己功勞很大吧，恐怕還會對這種謬論再做進一步宣傳哪。

● 產房外面的爸爸們

作為一名男性，那就再說說待產的丈夫們吧。老婆在產房裡生孩子，老公在門外面等，大多數都是緊張、興奮的。可是，正所謂「林子大了什麼鳥都有」，確實也有個別極品的，還在那兒忙著和人打牌呢，醫生出來叫家屬都不應。不過，更多的時候，男人並不是不關心老婆，實在是沒有意識到。比如產婦和寶寶一起被送出產房的時候，因為老婆是一起生活了比較長時間的熟人了，而新出生的寶寶可是個生面孔，所以迎接的人會本能地先注意到這個小傢伙，然後逗著玩玩兒，而冷落了大人。這種場面很常見，一般要我們醫生跟家屬說到產婦情況的時候，老公才能一下子反應過來：對了，還躺著一個呢！於是趕緊過來噓寒問暖，握手擦淚，誇獎勇敢之類的。其實大多數剛剛做爸爸的丈夫還是愛自己老婆的，只是那一短暫的時

刻沒有意識到，也請偉大的母親們理解一下剛做爸爸的男人們激動的心情吧。同時也提醒要做爸爸的人，大人和孩子出產房的時候，可千萬別只顧著寶寶而忽略了大人。分娩的過程，媽媽們是非常疲勞、非常痛苦的，是急需周圍人的鼓勵和安慰的。如果面對一大一小，你首先是對著老婆握手安慰的話，不管她嘴上說不說，心裡肯定是非常溫暖的。劉備當年就是這麼籠絡到了趙子龍的心啊！

● 保大人還是保孩子

在產房還會碰上一種情況，就是保大人還是保孩子。工作中在和產婦家屬溝通的時候，有時就會有做丈夫的在最後加一句，如果只能保一個的話，就保大人。我覺得他們是電視劇看多了，這醫生還沒說話呢，只是交代了一下情況，那邊就主動做選擇了。

說實話，我也不知道這種「保大人還是保孩子」的說法是從什麼時候開始出現的，反正我工作中從來沒有遇到過要去詢問產婦家屬這種殘酷的問題，只是在電視劇中看到過。而且那些電視劇大多數反映的是四、五十年前或者更早時候的情況。那個時候和現在一個很重要的差別——剖腹產手術少，且麻醉技術、手術技術、抗生素等都還不夠成熟。

在過去，懷孕生孩子的風險是很高的，「孩兒的生日即是母難日」「生孩子就是在鬼門關上走一遭」，這些說法一點兒都不誇張。這個風險率高是多方面原因造成的，比方說孕期保健做得不夠，產科併發症不能在早期發現，如前面提到的子癇發作、胎盤早剝、前置胎盤等等；或者合併其他內

科疾病，比如心臟疾病、肝腎疾病等，從而危及產婦生命。在分娩過程中，如果發生難產，處理不及時會出現滯產，引起子宮破裂，或者子宮收縮乏力大出血，這些都是要命的併發症。另外，產後出血、羊水栓塞就是放到現在，也是孕產婦發生危險的常見原因，更不要說在醫療技術落後的過去了。所以在古代，很多女性年紀輕輕就香消玉殞，很大程度上是因為懷孕分娩是一件高風險的事情。

而我一直沒弄明白的是，有什麼辦法可以在犧牲母親的情況下保全孩子呢？只要孩子還沒有生出來，母親就是胎兒全部的依靠，所有危及母親生命的情況，肯定也是危及胎兒生命的。而且，新生兒還有另外的風險，比方說早產、感染、胎兒子宮內缺氧等，這些都會危及新生兒的生命。所以，圍產兒的風險率本身就比孕產婦的要高。

而現在，剖腹產技術可以說救了很多人的命。難產生不出來，那就做手術剖腹產，雖然有手術風險，但以現在的技術，總比難產引起子宮破裂或者大出血的風險要小。而且，通常情況下剖腹產既救了大人也救了孩子，不存在大人和孩子二者選其一的問題。

對一個婦產科醫生來說，之所以壓力大，是因為你的處理會關係到兩條生命。遇到問題時，醫生首先考慮的肯定是大人，因為只要孩子沒生出來，大人的問題一定會影響到孩子，這沒什麼好選擇的。有時候大人沒問題，但是胎兒有宮內缺氧的表現，不盡早生出來可能會有風險，那麼也會建議剖腹產。雖然對大人的損傷大一點兒，但是對孩子更有利，這種情況下也不用去讓家屬做出選擇，這是婦產科處理的醫療原則，醫生應該根據醫療

原則做出建議，而不是讓家屬去選擇保大人還是保孩子。還有些情況，孕婦本身合併有其他疾病，如果繼續妊娠，可能會危及生命。比如前面提到的重度子癇前期的患者，那麼按照醫療原則，醫生應該做出終止妊娠的建議，這也是建議，而不是讓家屬選擇。當然了，對於醫生的建議，產婦和家屬有決定權，他們有接受醫生建議和拒絕醫生建議的權利。還有些情況，醫療的處理有幾種方案，各種方案可能大人和孩子的獲利大小不同。比方說 A 方案大人的風險相對小一些，B 方案孩子的風險相對小一些，這種情況可能就要孕婦和家屬做出選擇了。但是要說明的是，這也不是所謂的保大人還是保孩子，這些方案，不管選擇哪種，都不至於讓風險大的一方送命，如果有這種可能，那麼這個方案應該直接被否定。

所以，當有丈夫主動提出要保大人的時候，我會趕緊糾正他，我們要盡量大人孩子都保！讓一個男人，在自己的老婆和孩子之間、在自己的至親裡做出選擇，實在是太殘酷了。我覺得像「保大人還是保孩子」這樣的問題，還是留給電視劇或者文學作品去煽情用吧！

● 醫生們的出生也都挺坎坷

說到難產，我們這些婦產科醫生在聊天時發現，好多醫生本人在出生的時候也都不是很順利。比方說我自己吧，就是被產鉗拉出來的，雖然一出生腦袋就被「夾」過了，不過也沒見頭上多一塊或少一塊什麼。我這還不算什麼，還有個同事出生的時候是臀位，也沒做剖腹產手術。

要知道，一般小孩子都是腦袋大身子小，出生的時候是頭朝下生出來的，

所以，頭能出來身體一般就沒問題（當然，除了前面提到過的肩難產）。而臀位的孩子是屁股先出來，身體能生出頭可就不一定了，腦袋有可能會被卡住，醫學上稱為後出頭困難。所以，足月臀位分娩的孩子，很容易出現窒息的情況。這還只是窒息的可能，我們春哥出生時就確實是窒息了，而且好像評分還挺低的。至於那些直接在家裡出生根本就沒去醫院的，或者出生體重 5000 公克的巨嬰，這裡就不提了。因此，我們開玩笑說，肯定大家出生的時候被刺激得太厲害，要麼腦袋被夾，要麼出生窒息，所以才會在這樣的醫療環境下做了醫生，而且還是婦產科醫生！

02
生孩子可不是
電影上演的那樣

可以說，涉及分娩情節的影視劇數量還真不少，可是這麼多的影視作品，在我這個專業醫生眼裡，大部分鏡頭語言是不能令人滿意的。為了增加鏡頭的真實感，很多有要求的導演即使是在最角落、最不起眼的位置的道具布景，也儘量按照故事背景選取，避免穿幫；在槍戰片裡，對於細節的刻畫甚至可以讓觀眾聞到空氣中的火藥味。但是，在關於分娩的情節方面，導演們似乎都不怎麼願意下功夫，絕大部分的分娩鏡頭，都是一位滿頭大汗的姑娘，在那兒發了瘋一樣，近乎歇斯底裡地喊叫；而且，如果大肚子說自己肚子疼了，那麼過不了多久肯定就要喊叫了，然後叫過幾聲就可以聽到嬰兒的哭聲了。這似乎已經成為電視劇中生孩子常見的劇情。

分娩的鏡頭好像只是為了交代是哪個人在生孩子，而觀眾感受不到孕婦在分娩過程中的煎熬，感受不到宮縮帶來的折磨，感受不到分娩時的辛苦；如果這些都感受不到，那麼就一定感受不到寶寶生出來那一剎那帶給產婦無與倫比的釋放和滿足！在電影中，分娩的過程似乎變成了一個熱鬧，甚至像一場遊戲，根本無法準確地向觀眾表達這麼一個重要的資訊：分娩，其實是一個女性從平凡通往偉大的極富寓意的開端，在經歷過上帝給女人安排的種種痛苦磨礪之後，她有了一個驕傲的身分——母親！

至於電視劇或電影中的情節，那其實真的就是在演戲！

● 母雞下蛋也沒那麼快，何況生孩子

分娩，這個人生偉大的開端，實際上是怎樣的過程？首先你得知道，分娩應該是一個過程，而且通常情況下，是一個比較漫長的過程，平均需要十幾個小時。分娩的過程我們稱之為產程。既然實際上產程時間是這麼長的，那麼可想而知，影視劇中那種一痛就生，演得是多麼「寫意」了。

既然產程時間這麼長，那麼為了方便醫生對分娩過程的觀察處理，就把產程人為地劃分成幾個時間段，分別是第一產程、第二產程和第三產程。影視劇中那種大汗淋漓、哇哇亂叫的鏡頭，實際上只是第二產程。第二產程的時間確實是比較短的，一般不超過兩個小時。但是，第一產程的時間可是要長得多了，你不能僅僅把第二產程用力的過程當作生孩子，之前的過程就忽略不計了。就好像足球比賽，射門進球的瞬間固然是精彩的，但是為了射門而相互配合、組織進攻的過程也是不可或缺的，不能因為最後短時間的絢爛，而忽略了之前的付出。所以，在介紹最後的極限衝刺之前，應該先說說第一產程。

● 痛得死去活來可能也只是第一產程

第一產程的定義就是從正規宮縮臨產到子宮口開全的過程，簡單點兒說就是一個「開門」的過程，開產門，或者民間說法叫「開骨縫兒」。所以，不是說用力屏氣的時候才叫生孩子，從開骨縫兒起就開始分娩了，準確地

講是從正規宮縮開始的。

什麼叫正規宮縮呢？就是在很多文學作品中出現的所謂的「陣痛」，一陣一陣地痛。陣痛間隔時間和持續時間都是一定的，比如間隔 5 ～ 6 分鐘，持續半分鐘。而且，痛的程度會逐漸加劇，間隔時間逐漸縮短，持續時間逐漸變長。伴隨著陣痛，產門在一點兒一點兒地打開，一指、兩指……一直到十指就完全打開了。而在開產門的同時，因為宮縮的推擠作用，寶寶的小腦袋也在一點兒一點兒地往下降。等到產門都打開了，寶寶的腦袋也到了門口了，等待接下來更強大的力量把他推出門外。

既然是陣痛，那麼一定會有「痛」這種感覺的。很多人到了孕晚期會有宮縮，比如像來月經時候的下腹酸脹，或者緊縮感，間隔時間並沒有那麼規律，或者間隔時間相對比較長。這時候不少人就會緊張了，以為馬上就要生了。不得不說，這很可能還是受電視劇的影響，因為劇中的產婦，只要肚子一痛，下一步孩子就出來了。實際上沒那麼快，至少絕大多數初產婦都不會那麼快。如果肚子還沒感覺到痛，或者疼痛還可以忍受，不是那麼劇烈，宮縮的間隔時間還沒有那麼規律，那麼短時間內是不會生的。這在醫學上被稱為假臨產。這種假臨產，不同的人持續的時間也不一樣，甚至有人會持續幾天。所以，有人說自己生孩子生了三天三夜，這顯然是把假臨產也算進去了。假臨產基本都是無效宮縮，只要不影響休息，寶寶監護沒有異常，就不需要醫學干預，可以「讓子彈飛一會兒」。

真的痛起來有多痛呢？我兩個大學室友的老婆生孩子，剛臨產的時候，肚子剛剛開始痛，我跟她們說，如果熬不住了，可以打無痛分娩。兩位巾幗

英雄均表示，生孩子的痛還能忍，能不打就不打吧。我表示贊許：「夠堅強！」這時候，她們還可以對著我笑。

接下來產程不斷進展，等到子宮頸開了 3 公分的時候，兩位巾幗英雄的表現也是驚人地相似：「我不行了！受不了了！我要打麻醉！」

後來我問她們：「你們之前也做好心理準備了，知道宮縮會非常痛。實際感受下來，和你預期相比，是更痛了還是差不多？」

「實際比預期的更痛！」

「更痛多少？」

「比預期的還要痛 10 倍！」

比你能想像得到的還要再痛 10 倍，就是這麼痛！折磨無數女性的經痛，在分娩陣痛面前也要甘拜下風，因為，這是人類可以忍受的最大限度的疼痛！我室友老婆之所以一開始還打算忍一下，就是因為這種陣痛的強度是逐漸增加的，而且頻繁程度也逐漸變緊，持續時間逐漸拉長。開始可能還能將就著忍受，到了第一產程後期，就很少有人還能繼續淡定了。所以，如果平時在產房看到表情平靜的產婦，甚至還可以微笑著回答醫生的問題，那麼一般產程都還比較早。

那麼第一產程的後期是什麼時候呢？就是我那兩個室友老婆最終繳械投降

的時候——子宮頸開 3 公分，在醫學上，子宮頸開到 3 公分之後，就可稱為進入活躍期了，而之前稱為潛伏期。之所以這麼命名，是因為潛伏期的時候宮縮還沒有那麼劇烈，子宮口開得也比較慢；而進入活躍期之後，宮縮強度明顯增加，頻度變密，子宮頸也開得快起來了。

● 那風情萬種的一次大便

在逐漸變緊的陣痛之中，分娩也從第一產程跨入第二產程，就是從子宮口開全到胎兒娩出的這段時間，進入了分娩最為痛苦難熬的時刻。而這個過程通常會伴隨著一種特殊的感覺——解大便。

前面講過春哥曾經與羊水栓塞狹路相逢，最終戰而勝之，彰顯俠客風範。不過，年輕時都有傻過一回的經驗，據說春哥還是小住院醫生的時候，也出過一次大烏龍。

那時候春嫂懷孕，到了孕後期，有天晚上吃完飯，春嫂不停地抱怨肚子不舒服，隱隱地有點兒痛。開始，春哥以為是吃壞肚子了，可是聽春嫂描述是陣發性的下腹痛，春哥憑著他職業的敏感性，覺得有點兒不妙——難道要早產？果然，沒過多長時間，春嫂竟然有了輕微的便意感。春哥當時就緊張了：完了，這是真的要早產啊！可不能生在家裡啊，雖然他那時候已經會接生了，不過家裡哪有各種無菌設備啊；更關鍵的是，當時孕週太小，早產兒需要馬上有新生兒科醫生的搶救復甦，否則很難存活——得趕緊上醫院啊！

於是，春哥立馬決定，讓春嫂儘量慢慢深吸氣，張嘴哈氣，不要用力，同時趕緊撥打電話叫救護車。很快，春哥和春嫂就被帶到了我們醫院的急診室，這時候，春嫂便意感也已經越來越強了。

急診室的同事們當然不敢怠慢，迅速把春嫂扶到產床上，做了陰道檢查：咦？子宮頸還一點兒沒開呢！再摸摸肚子，哪有什麼宮縮啊！春嫂她，是真的要解大便呀。頓時，急診室裡笑翻了天。那次，春嫂解了她人生中最高規格的一次大便：由專業婦產科醫生全程護送，救護車緊急轉運到急診室，醫務人員嚴陣以待、充分檢查之後的一次大便！

從此，救護車護送春嫂解大便的事蹟就成了我們醫院一個歷久不衰的故事。事後大家問春嫂：「肚子痛是像來月經那樣的嗎？」「哪有啊，就是有點兒絞痛，像是要拉肚子了。」春嫂也很無辜，她其實就是想解個大便而已，本沒想搞得如此煩瑣。

春哥就更不好意思了：「真是的，平時產房裡這樣的患者碰上的太多，當時就顧著緊張了，怎麼就沒摸一摸宮縮呢？唉！這事兒啊，要是真落到自己頭上，還真是慌了神兒了。」

● 好鋼用在刀刃上，力氣用在肛門口

如果說第一產程只需要孕婦忍受宮縮的疼痛就可以了，那麼進入第二產程之後，孕婦不但要承受更加劇烈的宮縮，自己還要付出艱苦的努力，生孩子的辛苦在第二產程體現得淋漓盡致。而且，很多時候不是說你付出了巨

大艱辛，就可以換來理想的結果。如果像電視劇中的那樣，不停地大喊大叫，憋得臉紅脖子粗，那基本上是生不出來的。

有時候給產房外的家屬交代情況，說產婦已經用力一個多小時了，寶寶腦袋才看到一小點兒，那邊的老公馬上就急了：「哎呀，她怎麼那麼沒用啊，一個多小時了還生不出來！」我會糾正他們：「可別說她沒用，換你可能還不如她呢。她真的很努力了，只是力氣沒有用對地方，也許再過 10 分鐘突然找到感覺了，也就快了。」

那麼第二產程怎麼算力氣用對地方了呢？一般生孩子時候的體位稱為膀胱截石位，就是說平躺在產床上，兩腿彎曲盡量分開。要說起來，根據重力原理，應該是蹲著生孩子更容易些，但是，蹲著生醫生沒辦法幫忙接生，最後生是生出來了，可是一出來寶寶就頭往下掉到地上，這太危險了。所以，為了方便醫生接生，也就只好擺這麼一個姿勢。

姿勢擺好，感覺一陣宮縮來襲的時候，配合強烈的宮縮用力屏氣，力氣用在肛門口，就是便祕解大便的感覺，而不是都憋在脖子和臉上，相反，肩膀和脖子應該盡量放鬆。這裡說的是屏氣，一定不能把氣吐出來，而且一口氣屏得越久越好，所以，像電視劇中那樣哇哇亂叫，視覺上是有衝擊力了，實際上是用不上力氣的。而一陣宮縮通常持續將近一分鐘，沒有人生孩子的時候能一口氣屏那麼久，所以中間要換氣。要知道，宮縮是很珍貴的，不配合宮縮的用力就是浪費力氣，所以，這就要求宮縮來的時候要不惜力氣，中間換氣的時間要短，馬上深吸氣繼續向下用力，充分利用宮縮的這一分鐘。等到一陣宮縮過去了，就要身體徹底放鬆，好好調整一下呼

吸，等待下一波宮縮來襲。

所以，第二產程用力的時候，應該是間斷有節奏地向下屏氣，如果感覺有大便解出來了，就說明力氣差不多用對地方了。

是的，就是那種大便解出來的感覺。

曾經有個產婦，正在用力生呢，生到一半產婦突然停了，在旁邊指導鼓勵的醫生很著急：「感覺很好，別停下來啊，有宮縮的時候要繼續用力啊！」

產婦一邊忍著宮縮的陣痛，一邊很不好意思地說：「醫生，我，我好像大便解出來了。」

「嗨！你說這個呀，看到了，沒事沒事，說明你感覺找對了。你就繼續解吧，會給你清理的。等大便解完了，孩子就生好了！」

是不是感覺口味有點兒重啊？可是現實中分娩室醫生的工作環境差不多就是這樣，經常要與大便相伴。孟子教育我們要「聞過則喜」；而對於產科醫生來說，差不多是「見便則喜」，看見大便出來了，那麼基本可以判斷用力的感覺八九不離十了，這生孩子就有希望了。

當然了，估計這樣真實的場景電影裡是不大好演的，那麼，就讓電影裡的產婦們繼續喊叫吧，咱不學就是了。

03
決定陰道分娩的四大法寶

文學家在歌頌新生，詩人和畫家的筆下，小嬰兒是上天賜予的天使；而伴隨天使降臨的，似乎總應該是陽光、花朵、唱詩班的管風琴和教堂的鐘聲。而看了前面的講述，相信各位應該被拉回人間了。人類生命的誕生，遠不是那麼靜謐安詳的小清新，而是各種痛苦煎熬的重口味。既然如此，我們就不能抱著看偶像劇的心態來瞭解陰道分娩了，而應該做好心理準備，迎接各種艱難磨礪，這是一部奇幻冒險大片。我下面要介紹的，就是決定著人類陰道分娩的「四大法寶」。

設想一下我們要完成一件事情，需要具備哪些方面的素質呢？俗話說打鐵還需本身硬，所以，首先，要有堅實的力量，足以支撐自己完成使命；其次，要有正確的方法，也就是完成任務要遵循的路徑，道路走對了，才不至於枉費力氣，做無用功；再次，所謂「知己知彼，百戰不殆」，因此，實施過程中要時刻保持對任務物件的足夠瞭解；最後，就是一份堅持、一份篤定，就是完成使命的精神力量。分娩過程亦是如此，所以，決定陰道分娩的四大法寶分別是：

· 決定力量的法寶：**產力**
· 決定路徑的法寶：**產道**
· 決定任務物件的法寶：**胎兒**
· 決定精神力量的法寶：**產婦精神因素。**

● 產力法寶的三股力量

目前科學技術的發展可謂日新月異，但是，人類醫學發展到現在，關於生孩子的很多最基本的問題卻一直都沒弄明白。比如說，到底是什麼機制觸發了分娩？生過孩子的人都說不清楚，到底是怎麼回事分娩就開始了。你可能正在吃飯，或者正在聊天，或者正在睡覺，你可以在做任何事情的時候，分娩就這麼「不期而至」了。關於分娩發動的理論，醫學上也是眾說紛紜，但是到目前為止，還沒有哪個理論可以完美地做出闡釋，所以，也就只好說，「分娩是一個多因素綜合作用的結果」。不過，不管是怎麼開始的，有一點是必需的，那就是你得有宮縮。這裡的宮縮，就是產力的一部分。

都說生孩子是很費力的，對於力量的要求很高，所以，經常會有身材嬌小的產婦對醫生說：「醫生，我體質差，沒什麼力氣，估計生不出來，還是做剖腹產吧。」說這話是肯定沒有掌握產力法寶的精髓，誰說林妹妹就生不了孩子了！

產力就是分娩時的力量，這股力量，被用來把胎兒和胎盤逼出子宮，娩出體外，所以強度很大。而這個力量的來源也不是單一的，主要由三部分組成，分別是子宮的收縮力、腹肌給的壓力，還有盆底肌給的旋轉力。產力法寶通過對這三股力量的控制調節，來完成對分娩力量的供給。這三股力量中最重要的就是子宮收縮力，簡稱宮縮，貫穿整個分娩過程始終，而宮縮是和你的身材無關的。

● 產力不夠，技巧來湊

有朋友問我，老婆平時坐辦公室不怎麼活動，現在要生孩子了，怎麼進行一下鍛鍊，生的時候產力大一些。

朋友問出這話，顯然是把生孩子想成推鉛球了。本來只能推五公尺，鍛鍊鍛鍊就能推個七八公尺了。不過，孩子可不是鉛球啊，前面說了，產力的三股力量中，最重要的是宮縮，而宮縮是不受人意志控制的，也就是沒辦法鍛鍊的。如果宮縮不好，你就算肚子上有八塊腹肌，渾身都是肌肉，一分鐘做 100 個仰臥起坐，也照樣白搭。

另外兩股力量的來源，腹肌和盆底肌倒是可以鍛鍊。但是，盆底肌的作用是輔助胎兒內旋轉，屬於「技巧型」，而不是「力量型」。曾經有個雜技演員生孩子，雖然以前訓練的時候摔傷過尾骨，但是，第二產程生的時候，進展也還是非常順利，很快就生出來了，相信這應該和她優秀的身體柔韌性和盆底肌機能有關。只不過，人家的這個產力，鍛鍊是放在平時的。畢竟，絕大多數人都不是雜技演員，難道就不能生了？當然不是，盆底肌的力量更多的是被動力，主要在第二產程發揮作用，如果主動下推的力量足夠大的話，盆底肌不成問題。另外，據說如果平時就有瑜伽鍛鍊的話，可能會對盆底肌的力量有所幫助。

再一個就是腹肌了，這個是唯一有可能通過鍛鍊提高的力量，不過，好像也不是很有必要。腹肌的力量主要用於第二產程，就是宮口開全以後，生得再吃力，最多也就需要 2～3 個小時，對於絕大多數孕婦來說問題都不

大。就算你是辦公室職員,只要有便祕時候解大便的力氣,生孩子也就夠了。而且前面已經說過了,第二產程用力屏氣的時候,也不是完全用蠻力,也需要技巧,用力方向不對,把自己累得腰酸背疼大汗淋漓,人要虛脫了也照樣效果不佳。

曾經有個看上去很瘦弱的產婦生孩子,第二產程非常順利,用力的感覺非常好,醫生忍不住表揚她:「看不出來啊,看上去好像挺瘦弱的,沒想到這麼有力氣!」產婦說,她平時經常便祕!所以,用力解大便確實是對產力的有效鍛鍊,不過我覺得還真沒必要,因為肛門被胎頭刺激的時候,大多數人本能地就會把力氣使出來了。

產力不能靠臨時提高,但是可以「積蓄」。其實最後全力分娩的那段時間,除了肌肉力量的要求,對體力和精神意志力也有比較高的要求,這些倒是可以鍛鍊的。一個人的體力如何,不是靠孕期短時間內提升的,但是卻可以在產程發動之後積蓄。就是說當規律宮縮臨產之後,孕婦就不要再劇烈活動了,更不要哭天喊地浪費精力了,你的任務就是好好休息。是的,休息變成了任務,因為它確實比較難完成──痛啊!肚子劇烈疼痛的時候你能休息好嗎?這就需要孕婦做好充分的思想準備,調整呼吸,盡量休息。要知道,第一產程積蓄力量,為的就是第二產程中的爆發。

所以,不管你體形如何,是五大三粗還是小家碧玉,都不用擔心自己的力氣問題。你要相信,只要宮縮好,用力技巧得當,對於大部分人來說,力氣不是問題。

● 骨盆寬敞才是王道，屁股大小無所謂

俗話說：「屁股大，好生養。」所以，有人說之所以感覺「豐乳肥臀」性感，是因為這樣的身材更有利於生養下一代。這話放在古代或許成立，那時候的「豐乳」，多半是豐富的乳腺組織；而「肥臀」，多半是寬敞的骨盆。到了現代，且不說各種美容技術，就是飲食習慣的影響，撐起「豐乳肥臀」的，多半都是脂肪，中看不中用。所以，屁股大不是重點，關鍵要骨盆寬敞，這就是陰道分娩的另一個法寶——產道了。

產道就是胎兒娩出時通過的那條通道，包括骨產道和軟產道。骨產道主要是骨盆，軟產道包括了子宮下段、子宮頸、陰道等。像前面提到的產門和子宮頸，就都是軟產道部分。對於身材嬌小的女性來說，除了要擔心自己沒有力氣之外，另一個要擔心的就是骨盆太小了。想想自己平時的小蠻腰，再想想那麼大一個寶寶，怎麼可能生得出來嘛！

要知道，人類已經進化了幾十萬年，那些骨盆太小的，基本上已經在優勝劣汰的競爭過程中被淘汰了，只有骨盆條件足夠生育下一代的女性的基因才得以傳遞下來。所以到現在，除非有骨盆畸形或者骨盆病理改變（比如外傷骨折、結核等），大多數女性的骨盆都是適合陰道分娩的。如果你看過 CSI 之類的美劇就會瞭解，男女的骨盆是有區別的，女性骨盆天生就已經為分娩做好了準備，即使你身材嬌小。而且，胎兒顱骨和成人也是不同的。胎兒顱骨數目比成人多，很多顱骨骨縫是可以鬆動的，所以在分娩的時候，小腦袋還是有一定的可塑性的，為了順應產道，會產生一定的變化，寶寶的小腦袋確實是被「擠扁了」，這在醫學上被稱為顱骨的骨縫重疊。

● 骨盆大小也要看寶寶的腦袋

大思想家孔老夫子的教育理念中很重要的一點，就是因材施教，根據不同學生的特點，給出不同的教育方法。俗話也說「看人下菜」，雖然用來形容人投機取巧，不過，和因材施教反映的是一樣的道理，就是要完成一件事情，針對不同的物件，路徑的選擇也不同。這個道理再延伸一下，可能某種路徑是比較好的，但是，也應該看物件，當路徑被固定牢的時候，物件的變化可能會出現完全不同的結果。因此，我們不應該迷信什麼「放之四海而皆準」的教條。

這個道理放在分娩上就是，雖然絕大多數女性的骨盆條件都可以滿足分娩的要求，但是，胎兒是否可以順利通過，也不能只看產道這一個方面，掌管路徑的胎兒法寶也起到至關重要的作用。

我們說骨盆寬大，是一個相對的概念，得看和誰比。骨盆很小，但是寶寶腦袋也小，那照樣可以順產；相反，骨盆很大，寶寶的腦袋更大，雖然胎頭可以有所變形，但生起來還是很困難的。所以，骨盆的大小，是要和寶寶的腦袋相比的，這就是醫學上的「頭盆問題」。骨盆的絕對大小，或者寶寶腦袋的大小都不要緊，關鍵是要頭盆相稱。

除了頭盆問題，還有更複雜的情況。因為腦袋不是絕對的球形，而是不規則的橢圓形，有較長的徑線和較短的徑線。我們希望寶寶的小腦袋在通過骨盆的時候，胎頭以最短的徑線通過骨盆的各個位置，就是說，胎頭在產道裡是會有變化的。最後，寶寶臉朝下生出來是最容易的；如果胎頭不能

順利旋轉，比如臉朝上沒有轉過頭來，就有可能由比較長的徑線卡在產道比較狹窄的位置上下不來，出現相對頭盆不稱。

這種因為胎頭位置變化出現的頭盆不稱最麻煩，也最難預測，就算只有 3000 公克、腦袋不大的寶寶，也照樣有可能因為腦袋沒有轉過來而卡在一個位置上，最後沒辦法順利分娩。所以，你可能會聽說，本來生得很順利，可是到了後面突然又說胎頭下不來了，最終還是做了剖腹產，很多情況下就是因為相對的頭盆不稱。這種情況，沒有嘗試過是沒辦法提前知道的，這也就給分娩過程帶來了很大的不可預測性。

不可預測性還不僅限於此，還有更複雜的呢！寶寶腦袋的位置如果真的沒有旋轉好，也不是說就一定沒得生了。因為，胎頭旋轉的力量，正是產力的一部分，如果產力法寶給力的話，可能再過一段時間就轉過來了，甚至仰面朝天生出來的也不是沒有。這個時候，三大法寶就要協同作戰了，此刻，它們不是單獨在戰鬥！

所以，我們說「實踐是檢驗真理的唯一標準」。那麼在生孩子上，很多情況下，不生一生，試試看，還真難說結果一定如何。只要醫生還沒有進化成神仙，那麼不到最後時刻，你都很難確定是不是可以順利分娩。在第七章中，你會看到醫生在分娩方式上的各種糾結，很大程度上也是源於分娩過程中的種種不確定性。

● 生孩子首先要克服恐懼心理

在西方關於分娩的教科書中，通常只講三個因素，就是前面提到的產力、產道和胎兒。而對於產婦的精神因素，提到的就不多了。因為，一方面，它很難量化，缺乏統一標準；另一方面，精神因素本身似乎很難對分娩造成直接作用，但卻和其他三大法寶之間都關係曖昧，會對它們產生一些微妙的影響，從而影響分娩進程。

看過前面關於分娩的描述，你有沒有恐懼或者害怕？怕痛，怕大出血，怕生不出來，怕寶寶有危險。其實，很多產婦在分娩或者臨近分娩的時候，都會有這種情緒上的改變，通過心理上的調節，一般可以克服。但是，如果這些情緒上的改變走向極端，使自己對於分娩徹底喪失信心，它便可以影響宮縮的強度，減弱產力；可以影響產門的擴張，阻礙產道；甚至可以通過神經內分泌系統，使寶寶在子宮裡缺氧。所以，像電視劇裡演的產婦那樣近乎歇斯底里地喊叫，通常是很難順利分娩的。

因此，這就需要產婦在分娩之前，甚至懷孕之前，就先做好充分的心理準備，為了那個可愛的新生命，準備好接受這次人生考驗。同時，作為家屬，也應該盡可能地在心理上給予產婦支持和安慰。

分娩的過程，在經歷身體近乎極限般的煎熬的同時，心理上也要承受這些緊張和焦慮。「天將降大任於斯人也」，或許，這正是上天在使一個女人成為母親之前，給出的最後考驗。經歷過這樣一番磨礪之後，伴隨著小天使一起降臨人間的，還有一位堅強、偉大的母親。

04
一個籬笆三個樁
一個分娩三個幫

分娩的過程就像一次探險，道路曲折，途中遍布暗礁險灘。不管孕期怎麼百般小心，分娩的過程中也照樣有可能出現這樣那樣的問題。就算有陰道分娩的四大法寶，它們也有走神不配合的時候，萬一離開了它們的掌控範圍，陰道分娩自己生不出來怎麼辦？唐僧取經還要有三個徒弟保護呢，沒有幾個身手了得的好幫手，別說九九八十一難了，恐怕唐僧還沒出大唐國界就被老虎吃掉了。下面就介紹幾個為分娩保駕護航的手段。

● 「這是我生孩子花得最值的錢！」

前面已經講過了，分娩時的陣痛是非常劇烈的，甚至可以說是摧毀性的，摧毀了很多產婦自然分娩的意志，以至於不少人剛臨產沒多久，就痛得死去活來，叫著要剖腹產。還有聽說過分娩陣痛的人，懷孕沒幾個月就向我打聽：生孩子太痛了，我到時候能不能直接剖腹產啊？你看，這疼痛已經讓人如同驚弓之鳥，光聽到名字就讓人膽寒了。很多情況下，它已經成為自然分娩道路中的攔路虎。針對這隻攔路虎，我們現在已經有了分娩鎮痛技術，可以在很大程度上緩解分娩時的陣痛。

用我大學室友老婆的話說，她生孩子花得最值的錢，就是無痛分娩（硬脊

膜外麻醉止痛法）的錢。她覺得能達到這種效果，讓她花多少錢都值！

當然，也有人擔心麻醉的風險。可以說，所有醫學干預都有潛在的風險；不要說醫學了，就是在平時的生活中，很多事情都有潛在的風險。有新聞報導，有個人拍死隻蚊子，結果出現了嚴重感染，導致死亡——拍蚊子都有風險！就更別提吃飯可能噎著，吃魚可能卡住了。人生本來就是冒險的過程。

事情有風險，不等於就不能做，否則連飯都不敢吃了。拍蚊子致死的概率大概幾億分之一，恐怕比被雷劈死的概率還低，那麼下回看到蚊子照樣一巴掌拍死它。所以，一件事情做還是不做，不能只看有沒有風險，還要看風險有多大，到底值不值。

常用的分娩鎮痛麻醉方法是硬脊膜外麻醉，在麻醉方法和用藥上，與剖腹產手術時使用的麻醉差不多，只是藥量要小得多。這種麻醉是打在腰上的，確切地說是打在脊椎上，要說沒有風險是不可能的。不過，對於大多數人來說，還是安全的——至少對於正在遭受陣痛煎熬的孕婦來說，那點兒風險是值得一試的。

但是，也不是所有人都適合打無痛分娩。

● **「我說姐們兒，咱可不能這個時候歇著啊！」**

大學室友豪哥本人就是麻醉醫生，他老婆當年生孩子的時候，他交代我：

「我老婆孩子就交你小子手上了，你自己看著辦吧！」

我說：「行，你老婆就是我老婆了！」

豪哥說：「去你的！」

產程進入活躍期，豪哥老婆實在熬不住痛，我徵求他們的意見，問要不要打無痛分娩。

豪哥問：「就是個硬脊膜外麻醉的相關風險吧？打了不影響產程吧？」

豪哥老婆問：「打了就不痛了吧？」 我將麻醉對產程所造成的影響講給豪哥聽，豪哥想了想，說：「既然影響不是很大，只有第二產程時間會長一些，那就用吧。」

我對豪哥老婆說：「一般情況下用了就不痛了，至少會緩解很多。但是，對於產程⋯⋯」

「我要打麻醉！」我的話還沒說完，豪哥老婆已經決定好了。

麻醉打好之後，豪哥老婆顯然舒服了很多，可以和老公發短信聊天了。到了第二產程該用力生的時候，豪哥老婆好像還不是很痛。

「自己能有宮縮的感覺嗎？比如說肚子有點兒痛，或者有點兒脹，或者有

想解大便的感覺？」我問她。

「稍微有點兒感覺吧，比較輕微，便意感也不是太強烈。」

「好，你看著監護上的宮縮指數，如果增高了，說明你宮縮來了，你就要配合著用力屏氣。」然後，我向她介紹用力技巧，並且指導了幾陣宮縮屏氣。

這時候，我電話響了，我說：「你就像剛才那樣繼續用力，我先去待產室看個患者。」過了十來分鐘，我再回到分娩室的時候，豪哥老婆竟然在側躺著閉目休息。

「唉，我說姐們兒，咱可不能這個時候歇著啊，時間不等人，你可不能偷懶啊！」

「實在太累了，真的想歇會兒。」

「不行不行，你這宮口開全了也沒多少時間給你用力，等生完了再歇吧。你現在必須得把所有力氣都給我使出來！」

豪哥老婆被我說著繼續用力了，但是，因為麻醉的原因，對宮縮的感覺不是太明顯，所以用腹壓和宮縮的配合不好，生了將近 3 個小時也還是沒生出來。這時候，豪哥老婆是真的虛脫了。

「現在不是我不想用力，我是真的一點兒力氣都沒有了。」說這話的時候，

豪哥老婆聲音很小，甚至連眼皮都睜不開了。

平時也有產婦生的時候，一邊扭一邊叫：「醫生，我不生啦！我沒力氣生啦！」不過，既然可以叫出聲來，說明那不是沒力氣，只是生得太痛苦了，不想再繼續了。這時候，醫生都會鼓勵產婦繼續努力，不要亂叫，省著力氣生孩子。不過，眼下豪哥老婆這種情況，已經努力了快 3 個小時，別說生孩子了，連說話抬眼皮的力氣都沒有了。

「拉產鉗？那我老婆孩子可就真的全交你手上了！」在我向豪哥給出產鉗助產的建議之後，他又重複了一遍剛開始那句話。

現在，我沒心情貧嘴了，巨大的壓力迎面襲來。

● 生孩子的目的是把孩子生出來

豪哥老婆就是比較典型的分娩鎮痛麻醉的經歷。產婦通常是在難以忍受陣痛煎熬的時候提出要求鎮痛麻醉的。這個時候，很多產婦幾乎是失去理智的，因為實在是太痛了！她們不會考慮麻醉有哪些風險，不會考慮麻醉會對分娩有哪些影響，她們只有一個念頭：不要痛了！現在、立刻、馬上不要痛了！所以，很多產婦對於無痛分娩的要求幾乎是無條件的。

無痛分娩對於疼痛的抑制作用可以說是非常理想的，幾乎所有產婦在打過麻醉之後都會恢復平靜，甚至有人可以小睡一會兒。這確實是非常理想的效果，因為前面已經提到過，第一產程裡產婦的主要任務就是休息，而無

痛分娩確實可以為產婦贏得一個可供休息的環境。但是這種方式畢竟是一種醫學干預，雖然總括來說風險是可控的，但是也不能不考慮它對分娩產程可能產生的影響。從我們醫院開展無痛分娩以來的經驗看，麻醉對產程的最大影響表現在第二產程，就是說宮口開全之後需要產婦用力的這段時間。如果沒有麻醉，產婦會感到頻繁的宮縮痛，而且伴隨強烈的便意感，為了緩解這種巨大的痛苦，每陣宮縮來襲的時候，她們會本能地向下用力，企圖卸掉對肛門的壓迫感。所以，某種程度上講，生孩子就是一種本能——在沒有麻醉的時候。而無痛分娩，對於這種分娩時的感覺是有一定阻斷作用的，宮縮時候的疼痛減輕了，甚至感覺不到宮縮，沒有便意感，所以也就不會配合宮縮用力屏氣。甚至像豪哥老婆那樣，竟然都可以小睡一會兒，這就要影響產程進展了。

所以，教科書上說，初產婦第二產程應該控制在兩個小時；如果打了分娩鎮痛麻醉的話，第二產程可以延長到三個小時甚至更長。產程可不是隨隨便便可以延長的，要知道延長這一小時，對產婦和胎兒相應的風險也就提高了，最終會增加使用陰道助產技術的概率。因此，如果遇上第一產程裡子宮頸口開得比較快的產婦，或者宮縮比較差的產婦，我們一般不建議打麻醉。尤其是有的產婦子宮頸口已經開到六七公分了，可能再過半個小時、一個小時就能開全，這個時候打麻醉，到後面就不會生了，反而影響分娩。如果這個時候產婦還是叫著要打麻醉，我會告訴她：「來這兒生孩子，目的不是為了不痛，而是為了把孩子順利地生出來。現在打了麻醉，待會兒可能就不會生了。」所以，雖然無痛分娩對於緩解分娩時的痛苦幫助很大，但也不是有利無害，對產程毫無影響的。在應用的時候，也應該由專業醫生根據情況判斷。

05

婦產科醫生也需神器助陣

如果第二產程已經延長了一段時間，寶寶還是生不出來怎麼辦？這時候可能就要用到陰道助產技術了，如產鉗助產。陰道助產需要用到一些助產器械，在縮短第二產程上，這些助產器械可謂是產科醫生 的「神器」。陰道助產，就是為分娩保駕護航的另一個手段。

● 別怕，產鉗不是剪鐵絲那種鉗子

陰道助產技術，顧名思義，就是靠產婦自己生有點兒吃力，需要醫生來幫你一把，稱為助產。這和普通接生還不一樣，接生的時候，產婦憑自己的力氣已經生出來了，醫生只是給「接」一把。陰道助產包括得比較多，有用器械的，也有不用器械的。比如前面說的臀位，就是屁股在下面的胎位，自己生出來比較困難，尤其屁股出來之後，腦袋自己是出不來的，這時就必須有醫生來幫忙，這叫臀位助產，一般不需要器械。需要器械的，最常用的有兩種：真空吸引術和產鉗。

真空吸引術，就是用一個類似吸盤的東西，扣在寶寶腦袋上，裡面抽真空，然後把寶寶拉出來。產鉗就是用鉗子，不過，這個鉗子不是平時用來剪鐵絲的鉗子，而是薄薄的兩片帶圓弧的鐵皮，有符合骨盆方向的生理曲度，合在一起像頭盔的樣子，扣在寶寶腦袋上，然後把小傢伙拉出來。

這兩種技術雖然聽上去挺嚇人，但實際上都是比較安全的方法，而且歷史悠久、技術成熟。真空吸引術算比較新的，也已經有六十多年的歷史了；而產鉗則起碼用了三百年了，有確切的醫學文獻記載也至少一百五十年了。前面提到過，我本人也是被產鉗拉出來的，沒有被拉殘拉傻，現在還做了醫生在這裡寫書。

當然了，再安全的方法也不是絕對的，也存在一定風險。比如器械助產可能會增加胎兒頭皮血腫，甚至顱內出血的風險，也可能會增加產婦會陰撕裂傷的風險。不過，這些風險都是可控的，當有必要進行助產的時候，說明出現了更危急的情況，不做助產恐怕危險更大。那麼什麼情況下需要器械助產呢？

● 腦袋擠擠更健康

籠統地講，就是在第二產程的時候，需要快速結束分娩的情況下，如果產婦沒有能力生出來，就需要醫生的幫忙了。比如說產婦同時合併其他併發症，像重度子癇前期。不過，臨床上最常見的原因，是胎兒窘迫和第二產程延長。

胎兒窘迫就是寶寶在子宮裡缺氧。其實，分娩的過程，不僅僅是對產婦的折磨，同時也是對寶寶的考驗。前面提到過，宮縮就是子宮缺血的過程，從而使胎盤的供血能力也有所下降，所以，寶寶會有一個短暫的供氧不足。不過，正常健康的寶寶都會有一定的儲備，對於短時間的供氧量下降可以耐受。這樣，寶寶出生的過程，其實就是被一股力量推著，低著頭往

下鑽，四周是骨盆和軟組織緊緊包裹，而且還會有短時間的供氧不足。你想像一下，腦袋上裹一圈肉，宮縮的時候相當於腦袋被擠，而且還會稍微悶住一會兒。以第二產程宮縮的頻率，相當於每一兩分鐘就要擠你腦袋一次，每次持續將近一分鐘，別說生一兩個小時了，擠你四五次你就瘋了。要知道，產道還有骨質部分，可是比一圈肉硬多了！所以，寶寶一出來就可勁兒地哭，他覺得委屈啊：「媽呀，沒事兒你老夾我腦袋幹嘛！哇……」

所以你看，寶寶的生命力還是很頑強的。而且，這種分娩的考驗，對於寶寶出生後是有幫助的，可以把擠進胎兒呼吸道的羊水擠壓出來。所以，醫學上大規模的研究發現，和沒有經歷過宮縮直接做剖腹產的寶寶相比，經產道擠壓過的寶寶，出生後新生兒濕肺的發生率明顯降低，而且嬰兒精細動作掌握得更好。因此，陰道分娩是人類長期進化的結果，雖然分娩過程中寶寶經歷了產道的擠壓，但是，在一定程度上講，擠擠更健康。

● 陰道助產──該出手時就出手

還是那句話，什麼事兒都講究程度，所謂過猶不及。擠擠更健康，不是就能毫無限度地擠壓；擠得過了，寶寶可能就真的要缺氧了，就是胎兒窘迫。因為第二產程時的宮縮最強，頻率最快，持續時間最長，所以很多胎兒窘迫會發生在第二產程。如果在這個時候出現了胎心減速，就提示我們寶寶可能有點兒受不了了，得趕緊生出來，如果短期內還不能結束分娩的話，就需要醫生的器械助產了。另外，產程時間太長，也容易出現胎兒窘迫。尤其第二產程，不僅僅是對胎兒有風險，時間長了，產婦也會虛脫，或者宮縮乏力，從而使產後出血的風險也增高。時間越長，這樣的風險就越

大。所以，第二產程的時間是有比較嚴格的控制的，初產婦一般不超過兩小時，經產婦不超過一小時。如果時間超過了，就可稱為第二產程延長。

豪哥老婆當時就是因為打了分娩鎮痛麻醉，第二產程生了快三個小時，生得一點兒力氣都沒了，寶寶還是沒出來，沒辦法，只好建議拉產鉗了。雖然產鉗已經拉過上百把，可是，只要是手術操作，就有手術相關風險，沒有哪個醫生敢說是 100% 的把握。萬一大人孩子有個什麼閃失，實在是不好向哥們兒交代；就算豪哥能原諒我，我自己都沒法原諒自己。可是，情況已經擺在眼前了，拉產鉗是當時對大人孩子最好的處理方法，就算是有風險有壓力，該出手時也得出手。

霍主任曾經說：「拉產鉗其實就是拼膽量，拼醫生的膽量。因為出現需要拉產鉗的情況時，一般都是分娩時比較緊急的時候，一旦做出判斷，你要做的首要一點就是——你得敢去做！」那一次豪哥老婆的產鉗，最終還是順利拉出了。生完，我抱著孩子到產房門口給豪哥看，他就在那兒不停地傻笑。我說：「為了你兒子我可都要嚇出尿來了，將來他得叫我爸爸！」

「行啊，你女兒嫁給我兒子不就行了。」豪哥還是在那兒傻笑。

「行啦，趕緊先給你老婆打個電話吧，已經完全累壞了。」

這時候豪哥才反應過來，趕緊給老婆打電話去了。產鉗拉過很多次，給豪哥老婆拉的這次算是壓力大的，但還不是最大。壓力最大的那次產鉗，放到後面再說。

06

有必要好好瞭解
一下剖腹產

前面講了不少，有一個最關鍵的還沒有提，那就是，當醫生決定拉產鉗陰道助產的時候，說明醫生判斷是肯定可以經陰道分娩的，就是說頭盆是肯定相稱的。那如果生不出來呢？這就需要做剖腹產手術了。當陰道分娩的路被堵死的時候，我們還有剖腹產手術可以挺身而出，可以說這是為分娩保駕護航最重要的手段。

● **剖腹產沒那麼可怕，但也並不簡單**

要向非醫學專業的人介紹一種手術，真不是一件容易的事兒。就拿剖腹產來說吧，如果一個孕婦鐵了心要做剖腹產，看過介紹之後，她可能會重點記住剖腹產對於拯救母嬰生命的重要作用，會記住如果不做剖腹產可能會給母嬰帶來的各種風險，從而最終堅定了她要做剖腹產的信念。而如果一個鐵了心不想做剖腹產的孕婦，在看過介紹之後，她可能會重點記住剖腹產對產婦帶來的各種風險，對下次妊娠和給胎兒帶來的影響，結果更加堅定了她不要做剖腹產的信念。那麼，這樣的介紹就真的是適得其反了。

所以，在打算了解剖腹產手術之前，先不要有先入為主的觀念。如果你已

經態度很堅決了，那麼不妨多看看事物的另一面。

目前，剖腹產手術已經是比較成熟的手術方式了，在前面關於「保大人還是保孩子」一篇中講到過，剖腹產技術可以說救了很多人的命，對於搶救孕產婦生命和改善難產結局都是非常有效的方法。所以，首先要強調，雖然是手術，但是沒必要太擔心，不要覺得做個剖腹產手術就是天塌下來的大事兒。

不過，就工作中遇到的情況來看，過分擔心手術的人所占比例好像不是很高，而更多的人是太不把剖腹產當回事兒，覺得不就是開個刀把孩子拿出來，反正已經住在醫院裡了嘛，動個手術開個肚子幾乎是天經地義的。尤其是產婦肚子痛起來，或者痛的時間長一點兒，就馬上會出現「討手術」的情況。

這時候，產婦和家屬的語氣都很輕鬆：「醫生，我看還是算了吧，不生了，你給剖了吧。」那種感覺就好像我嫌擠牙膏太麻煩，你乾脆幫我把牙膏皮一剪子剪開，我拿牙刷直接在裡邊舀比較痛快。這生孩子可不是擠牙膏，牙膏皮剪開了大不了不要了；這肚皮和子宮切開還得再縫回去，下回懷孕還得再用哪，子宮可不是一次用完就丟的啊！

所以，雖然剖腹產手術已經比較成熟了，但是，既然是手術，就有相應的手術風險和併發症，就有它的適應症和禁忌症，不是隨隨便便張嘴說句話就能做的。

● 剖腹產什麼時候該做，做了會怎麼樣

都說愛一個人就要愛他的全部，包括他的優點和缺點。做手術也一樣，當你要經歷一次手術的時候，起碼得知道它可能會帶來哪些不利的影響。就先說說剖腹產手術的風險和併發症吧。

先得清楚風險是什麼。風險不是必然發生的結果，而是一個可能性。就好像開車出門，有發生車禍的風險，新聞裡各種車禍現場的圖片，可謂觸目驚心，但是，大部分人都一直是安全行駛的。這就是風險，是一種可能，你得當心它。

剖腹產的手術風險除了各種手術所共有的出血、感染、損傷臨近臟器之外，還有產科的併發症。我們已經知道，產婦分娩是一個冒險的過程，即使是陰道順產，也會出現產科併發症，如產後出血、產褥感染、羊水栓塞等。一旦發生了，可謂刀刀見血、個個要命。而剖腹產手術發生這些產科併發症的可能性比陰道分娩要來得高。就拿羊水栓塞來說，剖腹產相比陰道分娩，風險增加了 12.5 倍。而且，剖腹產術後再次妊娠，前置胎盤、胎盤植入風險會增高，可能出現剖腹產瘢痕妊娠，雖然發病率很低，但卻是一種很危險的子宮外孕。另外，做過剖腹產後不光肚子上有一道疤，子宮上也會有一道縫合的瘢痕，我們稱為瘢痕子宮。對於瘢痕子宮再次分娩的情形，是自己生還是再做剖腹產，這個放到後面再講。

由此看來，雖然說剖腹產手術是一種相對安全的比較成熟的手術技術，但是，畢竟也存在這麼多手術風險和併發症。所以，在選擇分娩方式的時候，

它只是作為陰道分娩的替代方法，只有當陰道分娩行不通，或者陰道分娩的風險更大的時候，才考慮做剖腹產手術。

因為手術可能有相應的風險，所以醫學上規定了一些手術的禁忌症，就是說在這些情況下是不能手術的。比方說本來想做人工流產手術的，但是發現患者同時有嚴重的生殖道炎症，這個時候如果手術，很可能造成炎症播散，甚至會危及患者生命。那麼這種情況下就不能手術了，這就是手術禁忌症。

嚴格來說，剖腹產手術是沒有什麼絕對的禁忌症，就是說理論上任何孕婦都可以做剖腹產手術。因為即使是產婦有嚴重的併發症，手術可能會有生命危險，但是，剖腹產手術解決的不是一個人的問題，快速終止妊娠可以給新生兒帶來希望，那麼這也就不是絕對的禁忌症了。而且，對於這種產婦，即使不做手術，分娩本身也會受到死亡的威脅，快速地終止妊娠倒是可能爭取到搶救時間。

所以，剖腹產是沒有絕對禁忌症的。而剖腹產手術的關鍵，是怎麼把握適應症，就是什麼情況下該做手術。

剖腹產的適應症包括絕對適應症和相對適應症。絕對適應症就是不做剖腹產肯定沒法生出來，或者要出人命的。比如，前面提到的完全性的前置胎盤、嚴重的胎盤早剝，或者胎兒橫位、頭盆不稱等。其實，對於醫生來說，絕對適應症是最簡單的，一旦碰上了，也不用多想什麼，直接做剖腹產就是了。但是，剖腹產的絕對適應症並不多，而更多的是相對適應症，

就是說陰道分娩可能也生得出來，但是權衡利弊之後，做剖腹產可能會比陰道分娩獲益更大，那麼雖然有相應的手術風險，我們也還是選擇剖腹產手術。

比如，前面講陰道助產的時候提到的胎兒窘迫。如果出現胎兒窘迫的時間還比較早，沒有辦法做陰道助產，那麼，為了快點兒結束妊娠，我們也還是會建議做剖腹產手術。雖然手術給產婦帶來了一定的風險，但是對於寶寶來說，他可以快速地脫離危險環境，得到充足的氧氣，可以說獲益巨大，那麼我們和產婦要承受的手術風險權衡一下，認為是利大於弊的，所以做手術是值得的。

其實，雖然是相對適應症，但是像胎兒窘迫這樣的情況，一旦診斷明確了，醫生做出手術的決定還是不算困難的。還有很多相對適應症就不是這麼簡單的了，甚至連診斷都不是那麼容易，比如說巨嬰。

07

隔著肚子估體重
哪那麼容易

孕期的超音波單上有好多數值，很大程度上可以預示寶寶的大小。很多孕婦比較關心的就是雙頂徑了，它在一定程度上代表了寶寶腦袋的大小。

● 有時候，寶寶只是腦袋大了點兒

曾經有個 41 孕週的孕婦懷著滿腹的糾結住院了。「醫生你看，我今天剛做的超音波，雙頂徑已經有 10.1 公分了，怎麼辦啊？我是不是只能做剖腹產了啊？」聽得出來，她心有不甘，又放心不下。

「哦，10.1 公分的雙頂徑是有點兒大了，不過也不一定就只能做剖腹產，我得先做了檢查才知道。」我讓他躺到病床上，開始做腹部檢查。

「雙頂徑 10.1 公分也能自己生嗎？我有個同事，生的時候寶寶雙頂徑才 9.5 公分，結果生到一半生不出來了，最後還是剖了，寶寶有 4000 公克重哪。我 38 週的時候雙頂徑就 9.8 公分了，那不是就更難生了？」看來這位孕婦的擔心也不無道理。

我做完檢查，並且查看了她孕期的產檢病歷，對她說：「恐怕你的寶寶不

像你同事的那麼大呀，而且你的骨盆條件也還不錯，還是有自然產的希望。」

「真的嗎？我的骨盆還可以嗎？你看，我骨盆出口只有 9 公分，但是寶寶雙頂徑已經有 10.1 公分了，到最後還能生得出來嗎？而且，我查了一下，書上寫的雙頂徑超過 10 公分，有將近 90% 是巨嬰。」

現在，獲取資訊的途徑越來越多，大家也對自己的健康越來越關注，顯然，這位準媽媽孕期的功課做得很充分，甚至都瞭解了「骨盆出口」這樣的概念了。但是，如果對一些概念僅僅略知一二，而實際瞭解並不全面，同時又缺乏臨床經驗的產婦來說，就容易產生誤解。比如，這位產婦就是把雙頂徑和寶寶體重簡單地等同起來，而且對於骨盆徑線又瞭解不夠，所以才會有這樣的焦慮。看來，要想安慰這位準媽媽，還真不是簡簡單單幾句話就可以的。

「呵呵，看來你懷孕的時候是真的下功夫了，瞭解的情況還真不少，這樣給你講解起來，就比較容易理解了，值得表揚！你說的這個骨盆出口 9 公分，實際上只是一個出口橫徑，9 公分是很正常的大小。不過，骨盆的出口是立體的，而不是一條線，所以你不能只是關注這一條橫徑，還有前後徑呢。所以，你不用擔心 10 公分的雙頂徑卡在 9 公分的出口橫徑上出不來，只要骨盆前後徑夠寬敞，也還是能生出來的。」

這位孕婦微微點了點頭：「但是，書上說雙頂徑太大了，寶寶會是巨嬰呀。」
「呵呵，那可不一定。到現在為止，還沒有哪種方法可以準確地估計胎兒

體重，畢竟隔著那麼多層肉，哪兒能那麼準呀，就算是超音波也做不到。比方說你提到的通過雙頂徑來估計，就好像通過測量身高來估計體重一樣，你說一個身高 170 公分的人會有多重啊？性別、胖瘦都有差別，這哪兒能估得準啊！」

「我的寶寶也可能不是巨嬰？」

「當然有可能了。我剛才查過了，憑經驗估計也就 3500 公克左右吧，應該不會到 4000 公克。你看看你和你老公的腦袋都不小吧，你們的寶寶就像你們，體重並不是特別大，就大在頭上了。再說了，就算是巨嬰，只要骨盆條件好，產道夠寬敞，也不是不能生啊。寶寶過重，我們最怕的是肩難產，就是說頭出來，肩膀卡住了，這種情況是很危險的。但是，你的寶寶是頭大，那麼只要頭能出來，就不用擔心肩難產的問題。」

「那萬一生不出來還是要剖啊。」

「那是當然的了。但是，不是只有巨嬰才生不出來啊，3000 公克左右的寶寶照樣有可能生不出來去做剖腹產。只要醫生還沒有進化成神仙，那麼這種事情可沒辦法提前預知。你既然已經等到現在這個孕週了，我想一開始總是想要自己生的吧，你自己的決心可是很重要的！」

「是啊，我一直都想自己生的，所以飲食上也很注意，沒想到還是長到這麼大了，所以很擔心。既然醫生都這麼說了，那我就還是自己試試看吧！」

後來，我給這位孕婦進行了藥物引產。畢竟腦袋還是挺大，第二產程足足生了一個半小時，在經歷了艱苦卓絕的努力之後，一個 3500 公克的男孩兒順利誕生。是的，只有 3500 公克。

● 估計胎兒體重也有不少學問

其實，有時候因為不同人頭形的不同，雙頂徑的大小連腦袋的大小都反映不出來，所以，我們還會通過超音波測量胎兒的頭圍、腹圍。儘管我們可以通過超音波測量很多指標，但還是不能非常理想地估計胎兒的體重。在估計體重的時候，相比超音波的各種指標，婦產科醫生在很多情況下可能更相信自己的雙手檢查。不少生過孩子的人都知道，有醫生在肚子上摸了一把，估計了一個體重，結果生出來一看非常準。這就是臨床經驗了，甚至有國外學者發現，一些生過好幾個的經產婦，在估計胎兒體重方面，竟然比超音波還準！

講了這麼多估計胎兒體重的事情，是有原因的。因為如果寶寶體重過大的話，前面已經講到過肩難產的問題，那可不是鬧著玩的。雖然任何體重的胎兒都有可能發生肩難產，但是，體重越大，發生的機會就越大。根據統計，3500 公克以下的胎兒，肩難產風險只有不到 3‰； 如果是 3500 ～ 4000 公克的胎兒，風險就升高到 3%；而 4000 ～ 4250 公克的胎兒，風險有 5%；4250 ～ 4500 公克的胎兒，風險有 9%。這還是不合併糖尿病的情況，如果再有糖尿病，那麼風險要再增加 2.5 倍。

因此，婦產科醫生對於胎兒體重是非常關注的。如果估計體重比較大，比

如可能在 4000 ～ 4250 公克，或是 4500 公克以上，那麼醫生就會直接建議做剖腹產了。即使是先陰道試產，一旦產程進展緩慢了，醫生也會傾向於縮短觀察時間。所以說，當醫生對胎兒體重有了估計之後，對分娩方式也就會有一個預期，當估計的體重不算大的時候，醫生的信心也會更足一些。

● 必須要炫耀一下我的榮耀時刻

我最引以為傲的兩個判斷，是在同一個夜班裡，兩個產婦一起在生。其中一個宮高 39 公分，腹圍 105 公分，超音波測量寶寶雙頂徑 9.3 公分，股骨長 7.5 公分，頭圍 33.6 公分，腹圍 36.6 公分；另一個宮高 40 公分，腹圍 100 公分，超音波測量寶寶雙頂徑 9.1 公分，股骨長 7.5 公分，頭圍 33.0 公分，腹圍 36.6 公分。僅從測量數值上來看，兩個胎兒大小差不多，第一個好像稍微大那麼一點兒。不過查體之後，感覺兩個寶寶相差還是有點兒大的，而且是第二個更大些。

所以，第二個產婦潛伏期進展受阻，雖然還沒有延長（潛伏期延長，是指從正規宮縮到子宮頸口開 3 公分的時間超過 16 小時），我就去給她做了剖腹產，結果寶寶 4350 公克。而第一個產婦活躍期停了 5 小時（活躍期指從子宮頸口開 3 公分到子宮頸口全開，最長不超過 8 小時），但是我當時判斷應該是宮縮的問題，我相信她可以生出來，於是給了她充足的時間，陪她生到地老天荒，最後順利分娩，寶寶 3800 公克。

如果和關雲長聊天，他肯定最喜歡和你聊單刀赴會、過五關斬六將，而絕

對不會主動和你提走麥城的事兒。所以，作為婦產科醫生，我當然也喜歡把對這兩個產婦的判斷掛在嘴邊了。至於我曾經判斷有 4000 公克多，結果剖出來只有 3500 公克；還有我判斷只有 3500 公克多，結果生不出來去做剖腹產，剖出來有 4250 公克⋯⋯這些有損我光輝形象的事情，我當然不會輕易告訴你了！

不告訴你，不代表它不曾發生過。而且，估計體重失誤，可以說在每個婦產科醫生身上都發生過；如果誰還沒有失誤過，只能說他估計過的產婦太少了。

這還只是估計胎兒體重一個方面，而估計胎兒體重僅僅是胎兒因素中的一部分。前面已經講過，陰道分娩因素眾多，產力、產道、胎兒各個因素相互關聯，相互影響。每個因素中的某一個方面，都可能對分娩產生巨大作用，從而影響分娩的方式。

是陰道分娩，還是剖腹產？這是一個近乎哲學問題的問題，對於一名婦產科醫生來說，如何選擇合適的分娩方式，將貫穿他職業生涯的始終。你不能簡單地在這兩種分娩方式裡選擇哪個更好，既然有好的了，為什麼還要有另一種方法的存在？這兩種分娩方式不存在排他性，各有其適應範圍，而你應該做的，是根據適當的情況選擇適當的方式。

所以，在本章的最後，要重點強調：**很多問題不是非黑即白的，你不能企圖對各種事情都做出簡單粗暴的選擇。而在關於分娩方式選擇的時候，一個外行是沒法做出良好判斷的，你應該求助於專業人士。醫學是專業性很**

強的學科，而且情況複雜多變，不要企圖通過道聽途說的隻字片語就妄加判斷。對專業問題，應該尊重專業人士的建議，而不要根據自己一點兒貧乏的經驗去想當然。

當然，專業問題交給專業人士去解決，並不是說專業人士的建議總是正確的，比如前面我不願意提到的，我自己也曾錯誤的估計胎兒體重。但是，和外行相比，專業人士的建議正確的機率總是更大一些的。很多時候，醫生犯錯和醫術無關，和醫德無關，而只是因為醫學的不確定性。畢竟，和奇異玄妙的大自然相比，人類實在太渺小了。

第六章
產後媽媽多珍重

從懷孕到分娩，在經歷了漫長的九個多月之後，終於「卸貨」了。不過，寶寶出來了，任務完成了，不等於你的身體也可以馬上恢復到和懷孕前一樣。經歷了一次孕產，女性的身體就像經歷了一次電腦重新啟動一樣，不過，這樣的重新啟動之後，你的身體和生孩子之前相比恐怕要有所變化了。這一章就講一講產後的日子。

01

逃不開的坐月子

講產後就不能不提坐月子，尤其是對於現代人而言，存在各種傳統的和反傳統的觀點，不管你是哪一派的，都逃不掉要和坐月子這事兒扯上關係。

● **關於坐月子的兩種論調**

目前社會上，關於坐月子這件事兒，有兩大論調，二者之間相互爭論，互不相讓。這兩大論調嘛，當然就是坐月子和不坐月子了。

強調坐月子的一派，說坐月子是女人一輩子的大事兒，各種所謂的習俗可謂千奇百怪。在月子裡，房間不能通風，產婦不能洗頭、洗澡，連牙都不能刷。飲食禁忌頗多，生冷海鮮通通遠離，說這是「發物」，對傷口不好。另外，讓產婦儘量不要下地，更不要說到戶外了。如果你膽敢不遵從，那麼就要咒你會罹患「月子病」。這東西可不好惹，一旦罹患這病就是一輩子的事兒，要想好，你得再生一個，然後按規則坐月子才成！

簡單點兒說，女人一生完孩子，好像突然間就變成了怪物，必須要被牢牢控制住。

強調不坐月子的一派呢，可謂反傳統的一群，反對各種傳統陋習。在他們

看來，坐月子就是典型的傳統陋習，不該迷信需要打破傳統。他們好像覺得，女人生完孩子就應該馬上像懷孕之前一樣。而且還流傳著一些說法，說全世界只有中國女性是坐月子的，而科技發達的西方國家的女性，生完孩子都不坐月子；說人家外國人生完孩子當天回家，第二天就上班去了。簡單點兒說，女人如果坐月子，就是愚昧落後的表現！

這兩種論調都太極端，不正確。

● 到底什麼是坐月子

說坐月子之前，得先弄明白到底什麼是坐月子。坐月子最開始其實是古代中國人給婦女做的一些禮儀性的限制。

女性最大的神祕性，在於她可以孕育生命。所以，在男尊女卑的古代中國，對女人生孩子當然也要做出很多規定。因此，你最早知道坐月子，應該是記錄在《禮記》上的，而不是醫書上。在那裡，它甚至規定了不同等級的人生了孩子，所要遵守的禮儀都是不一樣的。就是說你若是平民村婦生了孩子，就沒資格坐王公大臣夫人們的月子！

後來，隨著中醫學的發展，在這些規定的基礎上又延展了一些和養生有關的規定，逐漸形成了現在所謂的坐月子。前面提到，坐月子其實是個禮儀性的限制，所以在發展過程中還融入了很多地方性的習俗，每個地方的方法略有不同。於是發展到現在，所謂坐月子的要求也五花八門，而沒有什麼規範，甚至有的習慣還完全相反！很多所謂的習俗，其實不過是從上一

代的老人那兒口耳相傳得來的。所以，傳統的坐月子，更多的其實是文化習俗，和醫學沒什麼關係。

那麼現代的西方人到底坐不坐月子呢？既然傳統的坐月子是一種文化習俗，那麼如果按照中國這種禮儀性的限制要求來說的話，西方人是肯定不坐月子的。但是，如果單從醫學角度來說，西方人其實也是要坐月子的，這個坐月子就是指產褥期的恢復。

我們知道，懷孕對於女性來說，在整個孕期的 9 個月時間裡，不單單是作為生殖系統的子宮變大了，而且全身各個系統都發生了很大的變化。所謂「十月懷胎，一朝分娩」，妊娠過程很漫長，但是分娩過程相對很短暫。那麼，在胎盤娩出後，就需要一個相對比較長的時間使全身各個系統都恢復到妊娠前的狀態，這段時間被稱為產褥期，一般認為大約是 6 週。

所以，西方女性也需要產褥恢復，也要產後隨訪 6 週，以觀察產褥恢復情況；尤其對有產科併發症的產婦，更應加強隨訪。別以為西方人不是人，你讓人家女人生完孩子第二天就去上班，還有沒有人性了？這麼侵犯人權的事兒，人家可做不出來。而且，就算很順利地順產，產後也至少要住院觀察 48 小時；如果是剖腹產的話，術後則要住院 96 小時，這和國內相比，大約只少了一天，差別並不大。

● 坐現代人的月子

那麼，從醫學的角度，現代女性產褥期應該注意些什麼，應該怎麼坐月子

呢？顯然現代的月子是沒有那麼多束縛禁忌的，但是，還是有些生活上的注意事項。

產後的第一週比較重要，尤其是產後 24 小時內，要注意出血情況，還有體溫、脈搏、血壓這些生命體徵的變化，當然，醫生也會關注這些。除此之外，我們每天查房針對產後患者解釋和囑咐最多的，還包括以下方面。

飲食

自然分娩的話，飲食沒有禁忌。推薦新鮮的水果、蔬菜、優質蛋白飲食，如肉類、魚蝦。建議多喝點兒湯水，有利於發奶。

小便

因為分娩過程會對膀胱產生刺激，有些產婦生完孩子之後膀胱就麻木了，感覺不到尿意，甚至不會解小便了。所以建議產後定時解小便，比如一兩個小時一次，而不要等到尿急了才去。還要特別強調一句，因為產後身體消耗比較大，所以第一次如廁要有人攙扶。

褥汗

不少產婦反映生完孩子後會出虛汗。其實，那不是虛汗，而是褥汗。因為懷孕的時候，為了保障給寶寶的供應，孕婦體內血液容量是增高的。現在寶寶出來了，多出來的血容量怎麼辦？相當一部分是通過汗液排出去的。所以，生完孩子以後出汗是正常的。

清潔

既然生完孩子會出很多汗，那麼就要注意清潔了，洗頭、洗澡都不是禁忌，千萬別搞得自己髒兮兮的。而且，因為惡露的原因，尤其提醒要保持會陰部清潔，否則容易發生產褥感染。所以要每天清洗會陰，並且保持乾燥。現代醫學認為，即使是在盆中坐浴，盆裡的水也不會上行污染陰道。

哺乳

為了寶寶的健康成長，鼓勵母乳餵養；為了你自己產後的順利恢復，鼓勵母乳餵養；為了你日後可以減少患乳腺癌的風險，鼓勵母乳餵養；為了增進母子間的感情，鼓勵母乳餵養；為了你自己的生活便捷，鼓勵母乳餵養；就算為了能省點兒奶粉錢，也要鼓勵母乳餵養！對於絕大多數產婦來說，母乳完全足夠供應寶寶每日所需的飯量，而且還會越吸越多，所以如果寶寶吸完之後還有剩餘，不要留著，要及時排空，保持泌乳暢通，小心不要積乳。

當然，除了這些，在產褥期還要注意休息，儘量保障充足的睡眠。產婦每天哺乳餵孩子還是很辛苦的，所以，要抽空睡一會兒。另外，心情的調節也很重要。產後因為激素急劇變化的原因，有一部分產婦可能會出現一些負面情緒。不過，大部分人只是有一些憂鬱的表現，還達不到憂鬱症的診斷，但是作為產婦和家屬也應該有所重視，注意心理上的調節和情感上的支持。

02

生完孩子以後的麻煩事兒

十月懷胎，一朝分娩，生完孩子任務完成了，但是身體也隨之產生了變化。生完孩子其實還有些事情並沒完，不是說注意休息、注意營養就夠了的。

● 生完也不能掉以輕心

我們婦產科主任曾經說過一個大約發生在 30 年前的故事，是她在做住院醫生時候的真實病例。

一個產婦因為子癇前期做了剖腹產手術，術後恢復情況良好，於是就出院了。辦完出院手續，患者剛剛走到醫院門口，就突然暈倒不省人事了。家屬趕緊把她抬到醫院急診室搶救，但是最後還是沒有救過來。

這個患者經歷了孕期高血壓的坎坷，經歷了剖腹產手術的風險，終於做完手術要出院了，最後還是倒在了醫院門口。這是怎麼回事兒呢？

最終的結論是：肺栓塞！ 這是一種非常可怕的疾病，原因是孕產期血流淤滯，體內流動緩慢的血液在深靜脈中比較容易形成血栓，這些血栓脫落之後可能會被血液帶到肺部，堵塞了肺動脈血管，從而引起猝死。所以，這個疾病的特點就是發病隱匿，之前可能沒有什麼不舒服，或者就是覺得

有點兒下肢酸脹；但是一旦發病，就會進展很快，讓人措手不及，來不及搶救。

在西方發達國家，造成孕產婦死亡的原因中，血栓栓塞性疾病肯定是排在前三位的，甚至有些國家是排在首位的，其殺傷力和兇險程度可見一斑。

雖然這種栓塞性疾病在孕期也有可能發生，但是，經過了分娩或者手術的過程，出現的概率又大大增加了。所以，對於產婦來説，不要以為生完孩子，分娩結束就大功告成了，還有一些風險是不能掉以輕心的。

● 生完孩子可不能整天躺在床上不動

那麼這種疾病有什麼方法可以預防呢？藥物預防是醫生的事情，對於孕產婦來説，平時生活中能做些什麼呢？

我們先來看看發生血栓栓塞的一些高危因素：高齡孕婦、肥胖、長期臥床或是吸煙、剖腹產手術、產科相關併發症、血栓栓塞家族史等等。

存在高危因素不等於就一定會發生，但需要高度警惕。在預防上，就需要盡可能地減少高危因素的數量。像剖腹產手術、產科相關併發症、血栓栓塞家族史這些情況，有可能不是你自己能左右得了的，但是另外一些因素自己還是可以注意得到的。比如懷孕的年齡儘量不要太大，比如戒煙，比如飲食控制和體重管理，比如不要盲目要求剖腹產，比如盡可能地減少長期臥床的時間。

所以，在前面產褥期的注意事項中，還有一條沒有提到，這裡要單獨拿出來強調一下，就是產後一定要盡可能地適量下床活動，生完孩子或者做完手術，最好盡早下床活動，千萬不要一直臥床休息。尤其對於那些孕期活動就比較少，或者長期臥床安胎的孕婦，適量活動更加重要。現在，你又發現了一條安胎的風險了。所以再次提醒，安胎這件事兒，真的要慎重。

● 順產後陰道鬆弛？很多人都擔心的問題

這可能是很多女性私底下經常討論的事情，陰道分娩會不會造成陰道鬆弛，進而影響以後的性生活品質？

答案不是三言兩語說得完的。分娩的過程中，陰道會被擴張，陰壁皺褶消失，以利於胎兒娩出。分娩結束後，雖然全身各個系統臟器開始恢復，但是，不可能全身各系統完全恢復至懷孕前的水準，初產婦和經產婦也肯定是有區別的。

不過，關於以後性生活的品質問題，倒是不必過多擔心。就好像男人的陰莖粗細長短不是性生活品質的決定因素一樣，陰道壁的鬆弛程度也不是性生活品質的決定因素。雖然和懷孕前相比陰道壁鬆弛了一些，但還是有正常的彈性和皺褶的。不要以為一說到鬆弛，就像是電影《芭樂特》裡說的「巫師的袖子」，正常經產婦的陰道鬆緊程度，是不會影響性生活的。所以，不必因為這種問題而擔心陰道分娩。而且更有研究認為，經過陰道分娩，在更年期時性生活品質相對更好。

另外，坐完月子後，還可以通過凱格爾運動來鍛鍊骨盆底肌。簡單地說就是針對可使小便突然中斷以收縮的肌肉，做收縮舒張練習。每天做 3 或 4 次，每次 5 ～ 10 分鐘，可以恢復骨盆底肌張力，預防骨盆底臟器脫垂。

最後順帶提一句，有些人哺乳期就可以恢復排卵了，而且，哺乳期排卵和月經來潮都沒什麼徵兆，也不規律。有些人哺乳 10 個月，可能會來四五次月經，間隔時間也不固定，這都是正常的。所以，如果在哺乳期有性生活，也要記得做好避孕措施。比較好的方法嘛，推薦保險套吧。

03
一胎不嫌少，兩個恰恰好

現代人普遍晚婚，生育的年齡也隨著提高，且面對網路資訊發達，許多人都上網做功課來瞭解待產時需注意的事項，但一旦產兆來臨，產婦的生理不適和準爸爸的手足無措，就不是網路上看看就能應付的了，而且即便已有生產經驗，也不見得產程情況都相同。

● 經產婦和初產婦還是有些區別的

其實生頭胎是生，生二胎也是生，總體上來說都要遵循相同的自然規律，所以，大部分孕產期注意事項也都區別不大。比如說都要注意孕期的定期檢查，不是說你第一胎寶寶健康，孕產過程都很順利，就說明你適合生養，再生二胎就肯定沒問題。而且，生二胎的人年齡相對偏大，所以更應該加強孕期檢查。

如果你的第一胎就曾經出現過某些問題，比如是早產的，或者有妊娠期糖尿病、妊娠期高血壓疾病這樣的併發症，那麼在生第二胎的時候，就更要注意了，你再次發生這些情況的機率要比別人高。

另外，有個比較常見的現象就是，寶寶體重是越生越重的。就是說第二胎寶寶通常比第一胎要再重那麼一點兒。如果你第一胎就生了 3750 公克的

寶寶，那麼第二胎就要小心可能是巨嬰了。所以，第二胎孕婦尤其要注意飲食調節，適量運動，爭取把寶寶體重控制在理想範圍內。

經產婦還有一個特點，就是一般會生得比較快，畢竟骨盆和軟產道被撐開過了，生的時候也就會比第一次順利些。所以，如果生二胎的話，肚子痛了就趕緊去醫院。你看看電影上演的那些，沒痛多長時間就生了，甚至生在路上的那種，我懷疑八成都是經產婦。由於在生第二胎的孕婦中，有相當多人是剖腹產後的瘢痕子宮，這部分人的再次分娩也越來越成為問題。

曾經有個生二胎的患者，第一胎的時候孕期不注意控制體重，拚命吃，結果寶寶 4000 多公克生不出來剖腹產了。這次懷孕知道要注意控制了，孕期嚴格要求自己，寶寶體重控制得很理想。結果醫生說，上次是剖腹產的，這次雖然寶寶體重沒那麼大了，但是因為是瘢痕子宮，也還是要剖。這樣的結果讓這個患者感到有些失落，那麼剖腹產之後是不是一定就不能自己生了呢？

● 剖腹產後的再次分娩

20世紀70年代之前的觀點是，「一旦剖腹產，永遠剖腹產」（Once c-section，always c-section）。但是隨著全球剖腹產率的升高，國外首先開始探索剖腹產後陰道分娩。目前的狀況是，歐洲做得最大膽，北美緊隨其後，相對保守，他們都已有一部分曾經做過剖腹產的孕婦又順利地陰道分娩了。

不過對於大部分做過剖腹產的孕婦來說，最後也還是以剖一刀結束。現在

是地球村了，各種資訊獲取越來越方便，我不是專家教授，就是普通的臨床醫生，也知道國外的相關醫療狀況。所以，要想醫療技術進步，醫生這方面的問題不大，問題在別的地方。

因為醫療水準參差不齊，而且之間的差距還不小。所以才會出現患者往大醫院擠，基層醫院沒病源的情況。而前次做了剖腹產，如果這次想要自己生，對於前次剖腹產手術的要求是比較高的。從手術原因，到手術操作方法，到術後恢復情況，需要全方位符合條件，並且要把資訊傳遞給再次接手的醫生。國外醫療的標準化水準普遍高得多，而且資訊共用化也強，很多患者自己不清楚上次什麼原因開的刀，或者什麼方法開的刀，醫生自己一查就知道了。但並非每個國家都做得到。

而技術層面的問題總是可以解決的，更關鍵的是人的問題，以目前的醫療環境和醫患關係，許多醫生不敢冒險。

之前做過剖腹產，子宮上有道瘢痕，再次懷孕的時候，這道瘢痕是有可能會破開的，我們稱為子宮破裂。一旦發生子宮破裂，會很快危及大人孩子兩條命。不過，目前已經發現，如果前次剖腹產手術是子宮下段橫切口剖腹產，而且縫合技術理想，術後恢復情況良好的話，實際上發生子宮破裂的風險是比較小的，只有不到 1% 的可能。而且，就從我們醫院嘗試的少數病例來看，也確實沒有發生過子宮破裂。既然如此，那為什麼還不敢廣泛開展呢？

1% 的概率是很低，但是就怕基數大。你嘗試 100 個患者可能碰不上 1 個，

但是如果嘗試 1000 個呢？從比例來看就一定會碰上子宮破裂的情況。子宮破裂很難提前判斷，一旦發生，就可能面對很嚴重的結局。如果患者的結局嚴重了，那麼醫生的結局也會非常嚴重，甚至是有生命危險。

這種事情很可怕，因為發生這種事情，已經不在醫生的掌控範圍了，醫生也沒辦法做到提前預判。但是很多家屬不理解，他們覺得醫生應該知道，如果出現情況，就應該是醫生的責任。所謂冤有頭債有主，出現嚴重結局總是要有個人來負責的，這時候他們可能會忽視，在很多事情面前，人其實是很無力的，即使是作為醫生，即使已經做出很大的努力，很多事情也是無法改變的。

讓醫生因為自己無法掌控的情況，而去承受可能的言語或肢體上的暴力，甚至是生命危險，這樣的事情實在比較難受。而現在的醫療處理日益擴大，不論對醫療人員或患者權益都不是件好事，目前也是全社會在為現在醫療環境買單的憂慮。

● 前一次剖腹產，這次懷孕該注意什麼

上次剖腹產，這次懷孕除了分娩方式的問題，還有些需要注意的事情。

首先，兩次懷孕的間隔時間不能太短。如果是陰道分娩的話，不少人哺乳結束，間隔不到一年就懷第二胎了，而剖腹產的話就不能這麼著急。因為子宮上的瘢痕這麼短的時間可能長得還不夠結實。再次懷孕，不是只有生

的時候才會破裂，如果瘢痕太薄的話，可能還沒宮縮，平靜狀態下也會破裂。所以，如果前次剖腹產，之後想再懷孕的話，建議間隔一年半到兩年的時間，給子宮瘢痕足夠的時間癒合，當然，同時也應該強調，間隔時間也不是越長越好。

其次，再次懷孕之後，早孕期的超音波不能省，因為有小部分人的胚胎可能會著床在子宮的瘢痕上，這是非常危險的，也是子宮外孕的一種情況，很容易發生大出血。所以，早孕期需要通過超音波檢查排除一下。

再次，瘢痕子宮到了孕晚期也要更加注意。曾經有個患者就是懷孕快足月了，和第一個孩子玩的時候，被孩子不小心踢了一腳，結果就發生了子宮破裂。所以，瘢痕子宮懷孕時相對更脆弱些，自己和家人也要做好保護。而且，瘢痕子宮發生前置胎盤、胎盤植入的風險也要明顯升高，所以孕期的檢查就更不能少了。

這些是剖腹產後再次懷孕要注意的，當然，最最重要的還是在生第一胎的時候，做好孕期管理，爭取陰道分娩。

第七章
聽婦產科醫生講
分娩故事

一般來說，如果可以順利地陰道分娩，無論對產婦還是寶寶，都是有不少好處的；而且，對於下一次懷孕，也具備有利的影響。而剖腹產手術畢竟存在一定的風險，所以，如果條件適合，醫生還是希望可以儘量陰道分娩的。但是，「條件適合」，說說容易，真正判斷起來有時候還是很困難的。畢竟醫生不是神仙，他們還無法預知未來。所以，很多時候，醫生也要面臨選擇的糾結。本章中，就介紹幾個在工作中所遇到的真實故事。

01
醫生「過堂」

「過堂」也算我們醫院的傳統了。為了降低剖腹產率，科室每個月會拿出一個週四中午的時間來討論上個月的剖腹產情況。方法就是，隨機選出上個月某一天裡所有的剖腹產手術，逐個分析手術指徵，主刀醫生要接受其他醫生的質詢，回答大家你為什麼要做這台手術。有一些手術理由是非常明確的，解釋起來自然就很容易；但也有一些手術，理由可能就不那麼充分了，你需要有充足的理由回答，這台手術一定要做嗎？你有沒有做過努力避免這台手術？面對前輩和同行的質疑，有種在法庭上接受訊問的感覺，如果發現有處理不當的地方，他們批評起人來可是毫不留情面的。所以，我們也把這個內部討論會稱為「過堂」。

我的一台手術就曾經被「過堂」抽中過。

● 子宮頸口開全了還去做了剖腹產

討論會有全科幾十個醫生參加，主要提出質疑的是總科室主任和幾個病區的科主任，由住院總醫師向大家彙報手術和病史。那一次，開始的幾個手術指徵都是比較明確的，如臀位、瘢痕子宮之類的。

「下一個手術是急診手術，第二產程剖腹產。」住院總醫師繼續按常規彙

報病史。

「第二產程剖腹產？」聽到這幾個字，我們的總科室主任來了興趣。

「是的，子宮頸口開全後 1 小時 40 分決定手術，手術指徵頭盆不稱。手術醫生田吉順。」

啊？抽到我開刀的患者了！哪個患者？什麼情況？都過去一個多月了，不知道還有沒有印象啊！還沒等上級醫生們發問，我心裡已經在打鼓了，腦子裡開始快速調集資訊。

「頭盆不稱，第二產程頭盆不稱。」科主任反覆念叨著這個手術指徵，顯然不是很滿意這個理由，「田醫生，這是你開刀的患者，情況講一下吧。」

「時間有點兒久了，具體情況印象不是很深，就記得當時宮口開全將近兩個小時了，做陰道檢查我發現胎頭還比較高，好像只有棘下 1.5 公分（棘下 1.5 公分，即坐骨棘平面下 1.5 公分，指胎頭顱骨最低點位於坐骨棘平面下方 1.5 公分位置，用來描述胎頭下降程度），而且有個比較大的產瘤（產瘤，分娩過程中因為胎頭被擠壓的原因，形成的頭皮下水腫）。產婦產力還可以，但是用力屏氣的時候胎頭下降不是很明顯，所以當時考慮有頭盆不稱的情況。」我把剛剛努力回想起的資訊盡可能地都說了出來。

「胎方位怎麼樣？」科主任開始提問。

「應該是正的，枕前位。」

「是的，手術記錄上描述是左枕前位。」住院總醫師幫我補充。

「胎兒出生體重多少？」

「3850 公克。」這個重量我還是記得的，因為已經快要到巨嬰的體重了。

「嗯。3850 公克，胎兒體重也不算小。」看來，科主任還是認可我的看法的。

「從胎兒體重來看，還是比較大的，而且宮口開全之後先露還比較高，從描述來看，雙頂徑骨質部分應該還沒有越過坐骨棘平面，而是形成一個產瘤，所以頭盆不稱的指徵應該是成立的。需要做手術是沒有問題的。」聽科主任講到這裡，我輕舒了一口氣，看來這次訊問要順利通過了。

「但是，手術時機我們還要再看一下。為什麼到第二產程宮口開全了才發現頭盆不稱？第一產程進展有沒有什麼問題？會不會有機會早一點兒發現？」

什麼？手術時機？我本來以為回答結束了，沒想到在討論完手術指徵之後，又要討論手術時機了。科主任後面又提出一連串問題，一下子把我問住了。

「呃，第一產程的情況，我有點兒記不起來了。」為了緩解內心的緊張，我尷尬地笑了一下。

「那麼，把這個患者的住院病歷從系統裡調出來吧，我們來詳細看看具體的產程進展情況。」

看來這次「過堂」沒那麼簡單了。

● 產程處理要把握火候

病歷很快被調出來了。「先看一下骨盆情況吧。從外測量資料來看，還是在正常範圍內的。胎兒體重估計 3500 公克，還是估計得偏輕了點兒，不過倒也不是沒有試產的機會。」科主任開始從頭到尾地查閱病歷。

「第一產程有 18 個小時，稍微有點兒長了，我們來具體看一看。」現在，已經不僅僅是看手術做得是不是恰當了，而是要對整個產程處理的醫療過程進行審查了。辦公室裡很安靜，我可以聽到自己的呼吸聲。

主任一邊從頭開始瀏覽產程記錄單，一邊讀著上面的記錄：「潛伏期 8 個小時的時候用過一次安定針，10 個半小時的時候用了催產素。臨產大約 12 個半小時進入活躍期，時間稍長，不過也未嘗不可，只是活躍期的時候胎頭還有點兒偏高。再看活躍期，宮口 5 公分的時候，產程進展又停了兩個小時，胎頭沒有下降，做了人工破膜，羊水是清的。這之後宮口開大的情況還是比較順利的，但是，到最後宮口開全，胎頭還是比較高，只有

棘下 1 公分。」

產程流覽結束，我長舒了一口氣——醫療處理上應該沒有問題。不過主任的要求還要更高。

「雖然總的產程處理沒有太大問題，應該説還是符合醫療原則的。但是我覺得應該還可以做得更好。比如子宮頸口 5 公分的時候陰道檢查沒有發現頭盆有問題嗎？即使此時發現不了，在宮口近開全時產程進展慢，也應該再查一下陰道情況，做進一步評估。我們在處理產程的時候，不能就滿足於不出錯，而要盡可能地做到精益求精。」

在我的這些前輩醫生這裡，是不會僅僅滿足於「無醫療差錯」或者「符合醫療原則」的，他們的目標，是爭取要把每次的醫療處理都做到極致。普普藝術領袖安迪・沃荷（Andy Warhol）曾説：「一椿成功的生意，是最美的藝術。」那麼，在這些醫學前輩眼裡，一次無懈可擊的醫療處理，也是一件藝術品，他們像對待藝術品一樣，對醫療處理的每一步都要做到精雕細琢。這也正是我們對於「醫生過堂」總是心懷緊張的原因，因為對於我們這些年輕醫生來説，這樣的要求顯然是非常高的，但是，也正是這樣的要求，在督促著我們成長。

「我們每個月的剖腹產討論，是為了降低剖腹產率，要我們每個醫生腦子裡都有根弦，不該做的手術就不能做。但是，真正該做的，也不要有壓力。產程處理還是需要一些技巧的，尤其對於年輕醫生來講，要講點兒火候。產程處理得太積極，會人為地增加剖腹產；產程處理得不積極，又會增加

圍產期各種併發症的發生率。婦產科醫生在處理產程的時候，應該儘量不去做事情。生孩子就像吃飯一樣，是個生理過程，應該減少不必要的干預，醫療干預過多，剖腹產率就要上去了。所以，婦產科醫生盡量不要做事情；但是，你得知道什麼事情是該做，不做不行。比如這個患者產程中的幾次干預，就是很有必要的。雖然到最後還是沒有避免剖腹產，但是，如果不給產婦充分的試產機會，確實也很難確定就一定生不出來。我們繼續下一個病例吧。」

這就是我的一次「過堂」經歷。我「過堂」的這個病例，雖然經過討論，認為醫療處理是沒問題的，但是如果在患者或者家屬看來，恐怕就不一樣了。畢竟產程經歷了將近 20 個小時，如果再加上之前假臨產的時間，產婦恐怕要痛了一天多；而且到最後，宮口已經開全了，還是做了剖腹產，這不就是受二次罪嗎！

我一個同事的老婆也是子宮頸口開全以後剖腹產的，術後住了幾天院，就被老婆埋怨了幾天。「產門都開全了，怎麼還要開刀啊？我聽你的話，孕期一直控制體重，到頭來還是逃不掉挨一刀！」這還是在醫院裡被我們撞見的，據說回到家老丈人還數落了他半天呢，讓我那同事很是鬱悶。但是，產程進展變化莫測，不給足試產時間，不到最後時刻，還真的不好判斷是不是確實生不出來了，就算是婦產科醫生自己的老婆，也沒法做到精確預測。正是這種對未來的不確定性，給醫生的決策帶來了巨大的壓力。

02
為了讓產婦生孩子，醫生也要和家屬們鬥智鬥勇

有一次我值週末日班，下午一線李笑打電話給我，說二病區有個產婦臨產了，家屬吵著要剖腹產，讓我去看一下。

「為什麼要剖？」我在電話裡問李笑。

「因為痛啊，說痛得熬不住了，讓醫生趕緊做剖腹產。」

「嘿，宮縮痛什麼時候變成剖腹產指徵了？」

「我當然知道宮縮痛不是剖腹產指徵，但是家屬聽不進去啊！」李笑說得也很無辜。

「你跟他們解釋啊，剖腹產併發症，寶寶出來可能會有呼吸障礙……」

「都說過啦！」李笑打斷了我，「我都已經解釋了快 20 分鐘了，嘴皮子都磨破了，還是沒用。家屬就一個字——剖！我是沒轍了。剛才產房打電話說要三台同時上台接生，我得趕緊過去洗手上台了，解釋工作您就再接再厲吧。」

掛了電話，我來到二病區的病房。病房裡圍滿了家屬，產婦在床上不停地喊叫，產婦老公坐在床邊，皺著眉頭痛苦地看著。

● 肚子痛就要剖腹產，那麼就沒人能生孩子了

我來到床邊，摸了一下產婦肚子，子宮是軟的，於是問產婦：「現在應該不痛吧？」

「現在是不痛，但是馬上就會非常痛了。」產婦停下喊叫，但是表情還是非常痛苦。

「不痛的話，咱就先別叫了。其實，痛的時候也不該叫，太浪費體力了，我們得卯足了勁兒後邊生孩子的時候用啊。」

「我不要生啦，我要剖腹產！」一聽說我還要她繼續生，產婦馬上又叫了起來。

「好好好，要剖腹產之前總得先檢查清楚啊，你先放鬆，我得檢查檢查。」

於是，我做了腹部觸診，寶寶體重估計不大，而且胎頭已經入盆了。然後翻看病歷，產婦孕期情況良好，沒有什麼併發症，而且才剛剛進入產程一個來小時，胎心監護正常。從病史和查體情況來看，這是一個有條件陰道分娩的產婦。

「痛了痛了，醫生我又要痛了，啊！」我正在看病史，產婦又開始叫了。

「先別叫，按我說的做，閉嘴吸氣，對，張嘴呼出來。很好，吸得再深一點兒，慢一點兒，慢慢呼出來。很好，自己控制一下呼吸的節奏。」

看來，產婦還是可以配合的。「醫生，還是剖腹了吧。」這時候，家屬中的一位大嬸說話了，語氣聽上去像是在哀求。

「你是產婦的媽媽還是婆婆？」

「我是她姑姑，她媽媽身體不好，沒過來。」

「為什麼要去開刀啊？你看她還是可以配合醫生的，做得很好啊。」

「但是你看她實在是太痛了啊。」

「生孩子嘛，總是要痛的。我剛才摸過她的宮縮，也看過她的監護單，強度還不是特別強。」我微笑著回答。

「你這個醫生是怎麼說話的，你要讓她痛成什麼樣才肯剖啊！」說這話的是一位大伯，語氣要比姑姑強硬得多了。

「大伯，開刀是要有理由的。不管痛成什麼樣，都不是剖腹產的理由，都不會因為痛而去開刀的。」我知道自己不是來吵架的，所以還是微笑著回答。

「來來來，醫生，我們到病房外面說吧。」說這話的是另一位大嬸，邊說

著邊和我一起走到病房外,「剛才那是產婦的爸爸,他是比較著急。」

「哦,沒關係,我能理解,很多家屬一看到產婦肚子疼了,自己就慌了。」

「我是產婦的婆婆,你看她已經痛了這麼久了,我怕對寶寶有影響。」

「伯母,我看過病歷了,她痛的時間真的不算久,現在才剛開始呢。」

「哪裡剛開始,已經痛了一夜了,還是沒生出來!」這時候,爸爸和另外幾個家屬也一起跟了出來。

● 在病房外我被家屬圍住了

現在,家屬們已經對我形成了半包圍之勢,我也正好可以給他們一起做個宣教,省得七嘴八舌一一解釋了。

「把她老公也叫出來吧,我一起解釋給你們聽。」

「不用了,他一個孩子懂什麼,讓他在病房裡陪著,你和我們說就行了。」在婆婆眼裡,她的兒子永遠都是孩子,即使是現在他即將迎來自己的孩子。

「好吧,是這樣的,從我們醫學上來看,產婦現在才剛剛臨產沒有多久,她之前的痛其實是假臨產,都是無效的宮縮,只有最近這一個多小時的宮縮才規律起來,才可能是有效的。關於剖腹產的風險和併發症,剛才李醫

生應該都給你們講過了。我看了她的病歷，也做了檢查，從目前來看，她的骨盆條件不錯，寶寶體重估計也不大，之前做過的胎心監護也都正常，也不存在寶寶缺氧，所以是可以自己生生看的。」

「但是她現在痛成這樣了怎麼辦？」產婦的爸爸繼續追問。

「生孩子就是要這麼痛的，如果不痛就生不出來了，我們還要用催產素讓她痛呢。所以痛不是問題，現在有分娩鎮痛麻醉了，到時候可以打麻醉的。」

「剛才那個醫生說了，你們醫院要到產門開了 3 公分才打麻醉，這之前怎麼辦啊？」姑姑還是一臉的哀求。

「伯母，您也生過孩子吧？以前沒有分娩鎮痛麻醉，不也都熬過來了？3 公分之前的痛也都是可以忍的。到現在為止，因為剖腹產出現併發症的不少，但還沒見過因為痛而痛出事情的。所以，你們家屬現在應該給她心理上的支持，鼓勵她繼續堅持，而不能扯她的後腿啊。」

「你剛才就說生生看，那要生不下來怎麼辦？」這次發問的，是一個不知道是什麼關係的男家屬。

「如果真的生不下來，那就只有剖腹產了。」

「生不下來才剖，那你們醫生為什麼不能早一點兒開刀，非要讓患者吃過苦頭、受了罪才肯做手術啊！」那位不明身分的男家屬說得振振有詞。

「因為大部分人都是可以順利生出來的，只有一小部分人可能生到後面會生不出來，或者發生寶寶缺氧的情況。但是開刀是有手術風險和併發症的，為了這麼一個還沒有發生的機率極小的事情，去冒手術的風險不值得。所以，我們總要等到真的出現問題，再去開刀，那樣，即使是有手術風險，冒險也是值得的。」

「醫生，我知道，剖腹產其實是個小手術，沒那麼大風險的，我們也都相信你，不會有問題的，你就幫幫忙給剖了吧。」這時候，婆婆開始微笑著鼓勵我了。

「別，這事兒上你可別相信我，我都不相信我自己。剖腹產絕對不是小手術，沒有哪個醫生敢保證做剖腹產手術肯定不出現併發症。再說，就算手術當中沒發生併發症，術後恢復也比自己生慢很多，而且，如果要生二胎的話，也比自己生有更多的麻煩事兒。如果不該剖的給剖了，到時候你們就要後悔了。」

「醫生，我們是真的信任你，你就幫幫忙吧。」邊說著這話，姑姑已經把一個紅包拿在手上，要往我口袋裡塞了。

現在我看出來了，他們是男家屬負責唱黑臉，女家屬負責唱白臉，可謂軟硬兼施，威逼利誘。這一招，我們家在裝修房子的時候也用過。對著裝潢公司的工頭，我和我老婆就是一個唱白臉一個唱黑臉，目的就是要讓他們保障品質地把房子裝修好。但是，開刀可不是裝修房子做生意，人命關天的事，可不能這麼唱唱大戲就決定了。

我趕緊把她的手推出去:「伯母,不是你想的那樣。不給她開刀,不是故意為難你們,是她現在確實沒有開刀的必要。我剛才也說了,如果過段時間我們評估一下,真的是生不出來了,或者寶寶在肚子裡有缺氧的表現了,到時候我們也會建議你們去做手術的。但是現在,自己生的風險更小,我們總是要選擇風險小的事情去做。」

「你們又不能保證一定生得出來,現在又不給開刀,若萬一痛了半天還是去剖了,就是受兩次罪啊!」看我把紅包推回去了,產婦的爸爸又說話了。

「這不是受兩次罪,即使是最後做了剖腹產,寶寶之前也經歷過產道擠壓了,出生以後呼吸功能障礙的發生也會減少的,所以,沒有白吃苦頭、白受罪。」

● 我突然沒有耐心了

這時候我的手機響了,產房有一個合併腹股溝疝的患者宮口開全開始用力生了,助產士擔心屏氣的時候腹股溝疝復發,甚至發生嵌頓,讓我過去看一下。這時我才發現,原來我也已經在這裡磨了二十多分鐘的嘴皮子了。

為了一個沒有任何特殊情況的產婦,僅僅是因為家屬的各種不理解和一意孤行,兩個醫生花費了半個多小時的時間做解釋;而產房裡,真正需要醫生處理的患者,現在卻只能在那裡等著。想到這裡,我的耐心突然下降為零,我不想,也沒有時間和他們多說了。

「好了，我現在有患者需要馬上去處理。明確地告訴你們，你們的這個產婦，現在還沒有什麼特殊情況，在我這兒，是肯定不會去做剖腹產的。我們會正常觀察產程，發現問題我們自然會處理的。」我的表情嚴肅起來了。

說完我轉身要走，姑姑像拉住救命稻草一樣一把拉住我：「醫生，不行啊，她肯定堅持不下去的，你就給幫幫忙吧。」

這下我心裡不高興了：「你別拉著我，我還有患者要去處理呢。你們的產婦現在沒什麼問題，是不能去做手術的，你們就死了心吧！」

拉開她的手，我走向樓梯，聽到後面一個男家屬的聲音：「這個醫生怎麼能這樣！」

● 孩子生出來了，我被抱怨態度不好

後來，我問產房裡的同事，這個產婦最後的分娩結局怎麼樣。

「生了，當天晚上就生出來了，小孩子只有 2900 公克，生得很快。」生完以後家屬都很高興，說沒想到生得這麼順利，還說那個醫生當時沒給開刀是對的，但就是態度不好。」

我和同事都笑了。同事笑了，是因為我為患者做了正確的決定，還被怪態度不好，這件事好笑；而我笑，是因為壓力終於被釋放了。是的，沒有同意產婦和家屬的要求去做剖腹產，是有很大壓力的。前面已經提到過，分

娩過程影響因素眾多，情況瞬息萬變，你沒辦法保證下一步會出現什麼。產婦和家屬要求剖腹產，但是你不同意，這本身就形成了矛盾。如果產婦生到後來，因為種種原因沒有生出來，最後還是去剖了，那醫生就會有點兒麻煩了。因為產婦和家屬早就要求剖腹產，醫生不答應，最後受了半天罪，還是剖了，那你醫生為什麼早不答應？為什麼不一開始就去做？為什麼不尊重患者的要求？是不是因為紅包沒送到啊？如果剖腹產結局良好則還罷了，萬一再有點兒什麼意外，出血多點兒，或者產褥感染，那醫生的麻煩就大了，馬上大帽子就先扣上了——這就是缺乏職業道德而導致的患者嚴重後果，恐怕輕了是投訴、上媒體、打官司，重了可就是皮肉之苦了。

● 百依百順？臣妾做不到啊

後來，我把這事兒給李笑說了：「記得上次咱倆輪番上陣勸說，不給做剖腹產的那個產婦嗎？後來生得很順利，但是家屬覺得我態度不好。」

「這也沒辦法。患者又沒學過醫，他們確實不好判斷什麼樣的是好醫生。很多患者覺得，態度好就是好醫生，甭管最後結果怎麼樣，讓她看病過程覺得舒坦，她就覺得你好。所以你看看有些醫院，絕對微笑服務，百依百順，全程陪送。一個個的都宮頸糜爛，彷彿生了重病！但是患者不懂啊，以為自己得了什麼大病，反正我來看病的過程是很滿意的，這就夠了。像我們醫院這麼多患者，這麼多急診和重症病人，要在一個人身上花半個小時，就有幾十個人沒法看病了。那個產婦我真是嘴皮子都磨破了，從陰道分娩四大因素講到剖腹產手術併發症，那邊又打電話催我去接生，哪兒還有時間在那兒耗著啊，我都快急了，所以就把你叫過去

了。看來效果不錯，家屬覺得態度不好的是你，他們是不是覺得我還挺不錯的？嘿嘿。」

「你別美了。我花的工夫不比你少好不好！我覺得自己已經夠有耐心的了，到後來也是產房催我，我也沒工夫在那兒耗了。」

「耐心這東西，是要有充足的時間做前提的。我也不想整天火急火燎的，也想像電視宣傳片上那樣，耐耐心心地坐下來，微笑著拉著患者的手噓寒問暖，和患者談談人生、談談理想。你也知道，我可喜歡聊天的了。但是臣妾做不到啊！你看看產房這形勢，每天跟打仗似的，還想多聊會兒？你跟這個患者有耐心了，別的患者可就都沒耐心了！病房裡一個醫生要管那麼多患者，產婦們誰都是爹生娘養的，在家裡都是當公主、王子照顧著，現在來生孩子了，都覺得自己的情況是最著急的，那我也只好每天跟上了發條似的。」

其實，幾乎每個醫生都希望自己能成為好醫生。而一提到好醫生，就會提到一個詞：仁心仁術。何謂「仁心」？就是要為患者好。怎麼叫為患者好？就好像做父母的都會為孩子好，那麼一切都依著孩子、慣著孩子就是為他好嗎？醫生為患者好是從專業角度出發的，不是什麼事都聽患者的就是為患者好。而從專業角度出發就可能會和患者的要求有矛盾，當你的要求醫生不答應，被醫生拒絕了，你還會覺得他這是為你好嗎？你會不會犯嘀咕：他為什麼要為難我？他為什麼要和我過不去？難道他是暗示我送紅包？於是就會覺得醫生對你不好，會覺得這個醫生沒有「仁心」。

03

產婦拒絕了剖腹產手術

上一篇中講到產婦和家屬「討手術」做的事情，這種事情在平時工作中也會經常發生。作為讀者，你可能看到了醫生專業準確的判斷，有時候會不會覺得這醫生的形象有點太「自戀」了？難道醫生的建議就都是這麼精準，而患者和家屬的要求如果與醫生相左，就肯定是患者的不是嗎？醫生的判斷上有犯錯的時候嗎？有！前面已經說過，只要醫生不是神仙，就總有犯錯的可能。這一篇就要講一個醫生，確切地講是我自己判斷錯誤的事情。

● 我從紀錄中彷彿看到了那晚的驚心動魄

有一次夜班後半夜，收了一個破水臨產的產婦。這是一個經產婦，第一胎是一年多前自然分娩的，而且，還有一個更重要的資訊，第一胎分娩的時候，發生了肩難產！

「第一胎肩難產了？」我得詳細瞭解一下相關病史。

「是的，就是頭出來過了很長時間肩膀才出來。」看來產婦對病情相當瞭解，還在向醫生解釋。

「寶寶出來後情況怎麼樣？」

「4000 公克，去新生兒科觀察了一段時間，後來沒多久就出院了。現在蠻健康的。」

「沒有什麼損傷吧？」

「沒什麼損傷，所以這次又來你們醫院了。」

「哦，上次就在我們醫院生的啊？」

「是啊，上次有好多人接生，都說嚇死了、嚇死了，不過我相信你們。」

「上次有沒有糖尿病啊？」

「沒有，這次也沒有。我平時身體都挺好的，而且這次懷孕一直很注意控制飲食。」

既然是在我們醫院分娩的，於是我去電腦上調出了一年多前她的那份住院病歷。

上次的分娩時間大約是凌晨 1 點。「胎頭娩出後娩肩困難」「予屈大腿、恥骨上方加壓」「一線醫生上台協助」「二線醫生到場協助」「新生兒醫生協助搶救」「新生兒評分：1 分鐘 8 分，10 分鐘 10 分」「新生兒雙上肢抬舉良好」。從這些病程紀錄中，我彷彿看到了一年多前的那個凌晨，為了這個肩難產的孕婦，一群醫生護士忙碌在分娩室中搶救的場面。可以

想像得出，那個夜晚，我的這些同事經歷了怎樣的驚心動魄！

「你的第一胎寶寶有整整 4000 公克重啊！」

「是的，醫生說是個巨嬰。你看看我這一胎還會有這麼大嗎？」

「嗯，比較難說，不過憑經驗來看，一般都是越生越重，第二胎通常會比第一胎再重一些的。」

「啊？還會再重啊？那不肯定也是個巨嬰了？」

我又仔細瀏覽了她這次孕期檢查的記錄，然後做了腹部觸診：「嗯，現在來看，估計體重應該在 4000 公克以上，恐怕確實要比上一胎再重一些。我看，還是做剖腹產吧。」

● 我被孕婦說服了

「剖腹產？你是說不能自己生了嗎？」

「不是說你自己生不出來，但是你上次分娩是肩難產，這一次再次發生肩難產的風險要比其他人明顯升高了。而且這次寶寶的估計體重恐怕比上一個還要重一些，所以還是剖腹產可能對寶寶更安全一些。」

「醫生，我真的很想自己生。上一個 4000 公克的也生出來了，這一次怎

麼就不行了呢？」

「不是說不行，而是說風險比較大。對肩難產的風險你瞭解嗎？」

「瞭解，上次肩難產以後，我去查過資料的。肩難產主要是對小孩子的損傷，可能會有窒息，會有鎖骨骨折，會有神經損傷。對大人的影響可能會有產道裂傷。這些我都去瞭解過了。」

聽到這兒，我笑了：「呵呵，看來你還真是做足了功課了。那麼知道這些風險之後，還是打算自己生嗎？」

「是的，醫生，我還是想自己生。上次已經發生過一次了，現在我的寶寶很健康，我覺得上次你們醫院處理得很及時，我相信你們醫院，所以這次才又來這裡生了。」

「先得謝謝你的信任，但是還是得告訴你，肩難產的處理，不是每次都那麼成功的。上次處理得很成功，寶寶沒有什麼損傷，但是出生評分也被扣分了啊。雖然後來恢復得都很好，但是沒法保證每次運氣都那麼好吧。」

「醫生，難道我這次肯定會再發生肩難產嗎？」

「那倒不是，上次發生過肩難產，這次再次出現的機率大約 15% 吧。」

「那就是說還有 85% 是不會出現肩難產了？」

這次我又笑了：「呵呵，這只是一個機率數字，這個數字的絕對值是沒什麼意義的。事情發生了就是100%，沒發生就是0。如果之前沒有發生過肩難產的孕婦，這個機會只有大約3‰，即使是巨嬰的孕婦，如果沒有糖尿病，發生肩難產的機會也就5%。而你的機會是15%，就是說風險是大大升高了的。」

「醫生我明白，但是我相信你們，風險我願意承擔！」 病人對醫生的信任，醫生是可以感受得到的，而不是一句「醫生我相信你」這麼簡單。很多病人會說「醫生，我相信你，這個手術肯定沒問題」，而很多時候他其實要表達的不是字面上的意思，他真正的含意是「醫生，我要求你，這個手術必須沒問題。」要知道，醫生是和很多人溝通打交道的，他可以聽得出你的真實意圖。而在和這個孕婦的溝通過程中，卻可以感受到她對醫生切切實實的信任。她瞭解風險，又敢於承擔風險，她相信醫生的建議是為她好，同時也相信醫生會為她全力以赴。這份勇敢和信任，甚至讓醫生感動。但是，從理性上來說，我還是要再勸一下的。

「你確定對於風險有足夠認識了嗎？肩難產最差的結局，寶寶會有嚴重窒息，甚至死產，即使搶救成功，也可能會有很嚴重的併發症，比如說腦癱。」

「醫生，這些我都查過了，也都清楚。我相信你們，我自己也有信心，也相信我的寶寶，我願意承擔風險！」

我被她說服了。我相信她自己對於風險也是有著充分而理性的認識，面對意志如此堅定的孕婦，作為醫生有什麼理由不陪她一直戰鬥到最後呢？

- 256 -

後來，這個孕婦在我的班上沒有生，我向日班的春哥交了班。

「上次就是肩難產，這次估計體重有 4000 多公克，還不肯剖腹產啊？」春哥的第一反應和我一樣。

「是啊，自己生的意願很堅決，風險也都很清楚，已經簽了陰道分娩同意書。」

「我還是再勸她一下吧，風險升高了 10 多倍呢！」春哥還是不肯甘休。

當然，結果也是一樣，春哥也被說服了。這個孕婦分娩的時候我已經回家睡覺了。據說，接生時的場面宏大，醫生、護士都如臨大敵，嚴陣以待，做好隨時搶救的準備。結果，寶寶 4150 公克，順利生出，沒有發生肩難產！

後來，我和霍主任談起這個患者。

「哈哈，你看看你們，判斷失誤了吧，人家什麼事兒沒有！」

「是啊。從結果來看，如果患者當時接受了我們的建議，做了剖腹產，那麼這其實是一台本可以不用做的手術。」

「本可以不用做，」霍主任重複了一遍我的話，「那麼下次再碰到類似患者，你就不建議她做剖腹產了嗎？」

我想了想，說：「應該還是會建議的吧，畢竟一旦發生了，結局太可怕。」

「其實在國外，如果第一胎發生了肩難產，在第二胎的分娩方式選擇上，也沒有很明確的說法，不同的醫生在判斷上也會有所不同。剖腹產當然不是必須的，但是產婦本人必須對風險有詳細的瞭解。」

霍主任稍微頓了頓，又補充了一句，「以目前的醫療環境，還是建議手術吧！」

「嗯。好像很少有患者願意這麼勇敢地承擔風險，同時又這麼信任醫生的。」

● 肩難產的併發症裡，其實還包括醫生自己的恐懼感

「主要是信任，相互之間的信任。」霍主任說這話的時候，表情很嚴肅，「網路上有很多這樣的說法，說醫生為了賺錢，你一進醫院就開始嚇唬你，讓你做剖腹產。比如像你這種情況，如果是碰上不理解的患者，顯然就會這麼以為，幸好沒聽醫生的，否則白挨一刀！而另一方面，如果在陰道分娩過程中出現了什麼問題，患者可能又會懷疑是醫生的不負責任造成的。尤其是如果患者之前就要求手術，而醫生拒絕了，後面再出現情況，比如又轉成剖腹產了，他們就更有理由懷疑你之前的不負責任了。這是患者對醫生的不信任。」

「同時醫生對患者也不信任。」霍主任接著說，「擔心萬一出現不良後果，患者會來鬧，甚至會有家屬動手，現在這麼多的傷醫事件實在讓人心寒。所以醫生在評估風險的時候，恐怕不僅僅是考慮疾病給患者帶來的風險，還有其他的，包括醫生自己要經受的風險。所以，如果讓你說肩難產的併發症，除了孕婦和新生兒的，恐怕還有一條你沒說出來，就是作為醫生，

你自己的恐懼感！可以説，目前這麼高的剖腹產率，是和醫患之間的相互不信任有著很大關係的。」

霍主任的話可謂一語中的。我在勸説孕婦的時候，最後向她強調的那些嚴重後果，不也正是我自己所擔心的嗎？

「確實如此！而那個孕婦向醫生表達出的信任和願意承擔風險的果斷，可以説是緩解了醫生的恐懼感，減輕了醫生自己的『併發症』。」 我明白當時為什麼會被那個孕婦説服了，我想，後來春哥應該也是和我一樣的吧。

「醫生的擔心其實還不止這些呢。還包括醫院裡的壓力，每個月的過堂，你怕不怕？」

我撇了撇嘴。

「就説肩難產吧，我們醫院去年共有 3 個鎖骨骨折，這種事情誰都不願意發生，但是它確實是有一定發生比例的。我們醫院去年的年分娩量是 15000 個，除去剖腹產，單陰道分娩也有八千多個。就按肩難產最低 3‰ 的發生率，也要有二十幾個。這種發生比例是沒辦法的。而且，肩難產是最難提前預料的，有一半以上的肩難產發生在正常體重的新生兒身上。所以，以這麼大的分娩基數，就一定會出現這些情況，問題是肯定會發生的；只是，我們不知道會在什麼時間發生，發生在哪個患者身上。現在，各種危重患者下級醫院都喜歡往上面轉送，患者情況更複雜了。我們醫院已經是全國最大規模的婦產科專業醫院之一了，但是，多是沒有用的，要

做得好。你做得再多，沒人知道也沒人會關心；但是一旦出了事情，全世界就都知道了，搞得好像你天天都在出事情一樣，你的其他工作就都被抹殺了。」

「唉，真是越說壓力越大啊！」

「其實，醫患間的不信任就像內部摩擦力，是會發生內耗的，醫生患者總要以各種形式為這些內耗成本買單。你說的這個病例，不僅僅是產婦和新生兒運氣好，最後順利生出來了；你自己運氣也很好，遇上了通情達理的患者，選擇了信任醫生，勇敢地和醫生一起承擔風險。你也選擇了相信患者，消除了自己的恐懼感，願意和病人一起面對疾病。最終獲得這樣的結局，是上天對你們相互信任的回報。」

● 就診的過程，也是醫患間的一次緣分

撇開霍主任提到的相互信任，單說對這個孕婦的判斷，從最終結局來看，我顯然是犯錯了。因為我基於 15% 的肩難產風險，給出了剖腹產的建議，而就結果來說，這樣的建議是錯誤的。但是，這種對錯的判斷，是事後諸葛的，是基於「全知角度」判斷的。在你看到我告訴你最後結果之前，你也不知道會發生什麼吧。設想一下，如果最終的結果是真的發生了肩難產呢？所以，醫生在做決定的時候，是沒辦法提前預知最終結果的，而醫生做出決定的依據，恐怕只是一個機率。既然是機率，那麼就會有犯錯的可能。就好像我根據天氣預報的降雨機率 10%，推測明天不下雨，於是做出不帶傘的決定，結果在路上被淋濕了。這種事情不是不會發生，但出現

這種判斷失誤的機率也是小的。

在對於未來事情預測的時候，醫生的依據是科學的統計結果，所以，和缺乏醫學專業知識的普通大眾相比，雖然醫生也有犯錯的可能，但是醫生犯錯的機率是小的，那麼理性上來講，最好還是尊重醫生的專業建議為好。

醫生看病的過程，是一個醫生與患者互動的過程，這個過程可以體現出醫生和患者雙方的人生觀、價值觀。比如這個孕婦，她對醫生的信任和自信，她敢於承擔風險的性格，就是她的個體化的體現。而在看待肩難產 15% 這個機率的時候，這個孕婦看到的是 85% 的好的結果，是傾向於樂觀的態度；而我作為醫生，看到的是比正常孕婦增加十幾倍的風險，因為可能的嚴重結局，所以我會把這個 15% 的機率看得更重，我怕一旦發生，我將滿盤皆輸，態度傾向於悲觀。當然，這裡的樂觀和悲觀沒有感情色彩，只是一種態度，這種態度影響了不同人的決策。

對於同一件事情，不同人有不同的看法。這次我碰上了這個孕婦，發生了這樣的事情；但是，就像霍主任所說，對於第一胎發生肩難產，第二胎的選擇分娩方式問題，不同醫生的判斷也會有所不同，如果這個孕婦換了另外的醫生，或者我又碰上另外的孕婦，可能結果又會不一樣了。所以，在就診中，醫生和患者遇上誰，真的是一種緣分。而既然是一次互動，那麼醫生要做的，就是在給出建議的同時，把他所知道的資訊告訴患者，和患者一起做出決定。患者對於醫生建議的態度當然可以各不相同，不過我想，除非你有像這個孕婦一樣的勇氣，同時又有那麼好的運氣，否則，最好還是按照醫生的建議去做。

04

婦產科需要神一樣的隊友

對於分娩方式的選擇，簡單點兒說，就是醫生把對大人孩子的各種利弊得失都放到天秤上，權衡之後挑一個共同獲益最大的。但是，實際操作中又哪有那麼容易呢？產婦生孩子的時候，自己就怕生不出來，剖腹產又怕手術風險，所以會有各種糾結。其實，醫生的糾結一點兒也不比產婦少，因為醫生要考慮得更多。如果說上一篇的例子中，因為無法預知未來的結果，所以我的決定很難說對錯的話，那麼這一篇中要講的例子，就真的是我的失誤了，因為我的糾結。

● 雖然很猶豫，我還是讓出了手術台

這是一個沒有任何併發症的健康孕婦，潛伏期的過程也很順利。進入活躍期，子宮口頸開到 5 ～ 6 公分的時候，產程停滯了。我去做了人工破膜，發現羊水混濁了。

正常情況下羊水應該是澄清的，或者摻雜了一些從胎兒皮膚上脫落的胎脂，變成白色。如果胎兒在宮內有缺氧的表現，可以造成胎兒腸蠕動亢進，肛門括約肌鬆弛，把胎糞排出從而污染羊水，使羊水變得混濁。根據羊水混濁的程度不同，又分為 3 度，其中的Ⅲ度混濁是最嚴重的。

當然，如果出現羊水Ⅲ度混濁，也並不意味著一定存在胎兒宮內缺氧，因為隨著孕週的增加，一部分正常胎兒也會發生羊水污染，而且孕週越大，發生羊水污染的機率也越大。所以，如果在分娩的時候發現羊水混濁了，也不一定必須馬上做剖腹產手術，需要綜合判斷，如果估計可以比較快地結束分娩，也是可以自然分娩的。

所以，當看到破膜後羊水Ⅲ度混濁，助產士問需不需要做術前準備的時候，我說：「現在宮口已經有5～6公分了，胎心也還是正常的，就先等等看吧。再給她半個小時的時間，持續胎心監護，如果子宮頸口能開全了，就可以自己生出來了。」

半小時後，我又做了一次陰道檢查，子宮頸口開到7～8公分了，胎頭也比之前下來了一些。雖然沒有達到我所預期的宮口開全，但是畢竟比之前有所進展了。

「怎麼樣，要不要去手術？」助產士問。

「呃，我想再繼續等一下。」說這話的時候，我的心裡有些猶豫。畢竟產程進展沒有我希望看到的那麼理想，但是，如果這個時候去手術，我還是覺得太可惜了。

「現在三病區還有一個臀位胎膜早破的患者，如果你決定這個患者陰道分娩，再等一下的話，那麼就讓那個患者先去開刀了。」助產士說。原來是有人在等我的手術台。

「好吧。」雖然很猶豫，但是我還是答應了。

● 我改變主意的時候已經晚了

又過了半個小時，寶寶的胎心突然出現了減速！

「田醫生，有胎心減速！最低到 90 次左右！」助產士馬上向我彙報。我趕緊又查了一下子宮頸口，只是近開全，雖然胎頭的位置又有所下降，但還是比較高的。

「怎麼樣，現在有沒有想解大便的感覺？」我問產婦。

「稍微有一點兒，但不是特別強烈。」

「好，那就趁著這一點兒感覺，用力把大便解出來吧！」我不打算繼續等下去了，雖然子宮頸口還沒有完全開全，但也可以用力屏氣了。產婦按照我說的方法開始用力屏氣，用過幾陣之後我發現，胎頭下降得並不理想；而每次宮縮的時候，都會有明顯的胎心減速。現在我判斷，短期內恐怕很難自己生出來了。

「算了，還是術前準備吧！」我向助產士下了醫囑。

「術前準備？現在哪兒還有手術台啊？之前你不是把台子讓給三病區的臀位的患者了嗎？」助產士提醒我。

「沒有手術台了？那其他台子呢？」

「都還在做啊。剛才只有那一台空下來了，現在都已經在做了。如果你要手術，那只能等別人做完了。」

既然沒有手術台，那麼與其在這兒等著別人開完刀，不如繼續讓產婦用力，也許可以更快些呢。這樣想著，我又開始指導產婦用力了。

這樣又指導了大約半個小時，子宮頸口是已經開全了，胎頭也下來了一些，胎心還是有減速。

「徐子龍一台手術已經做好了，你這台還要不要去開啊？」助產士向我彙報。

現在，子宮頸口已經開全了，如果去手術的話，要麻醉消毒，起碼也要20 分鐘；而如果再繼續用用力的話，估計就可以拉產鉗了，那麼就可能會比做手術更快結束分娩。

「子宮頸口已經開全了，就先不手術了，再生生看吧。」我又改變了之前的決定。在一個多小時裡，我改了三次決定，每次都沒持續多久。

● 寶寶終於被產鉗拉出來了，但是沒有哭聲

過了一會兒，剛下手術的徐子龍路過分娩室，聽到了變慢的胎心，就過來

看了一眼。

「胎心這麼慢，什麼情況？」徐子龍問。

「子宮頸口開全了，但是胎頭還有點兒高。」我說。

「羊水怎麼樣？」

「之前有Ⅲ度混濁，這段時間沒看到流出來了。」

這下，徐子龍的眉頭皺起來了：「我來看一下。」徐子龍戴好手套，做了一次陰道檢查。

「胎心又減速了，為什麼不拉產鉗？」

「我感覺胎頭還有點兒高。」

「那麼你判斷頭盆相稱嗎？」

「呃，應該是相稱的，應該可以生得出來。」

「既然判斷頭盆相稱，子宮頸口也已經開全了，胎心這麼慢，為什麼還不拉產鉗！」一向笑嘻嘻的徐子龍，突然嚴肅起來，還真讓人有點兒害怕。

「我是感覺胎頭還有點兒高。」以我當時的水準,這種情況的拉產鉗,心裡是很沒把握的。

「我幫你拉!趕緊鋪台準備!新生兒科醫生也叫來準備新生兒復甦搶救!」

洗手、穿衣、導尿、麻醉、側切、上鉗。很快寶寶被拉出來了,但沒有哭聲,新生兒出生 1 分鐘的評分只有 7 分。

「快,清理呼吸道,新生兒科醫生幫下忙!」徐子龍還在指揮。終於,在新生兒科醫生和龍哥的幫助下,寶寶終於放聲大哭,5 分鐘評分滿分——10 分。

● 醫生要果斷,不能怕出錯

縫完側切口,龍哥也已經瀏覽了一遍產程紀錄。他問我:「人工破膜的時候宮口 5 ～ 6 公分,你繼續試產還是可以的。但是半個小時之後,宮口只有 7 ～ 8 公分,胎頭也沒有很低,當時為什麼沒有決定剖腹產?」

「我是想產程還有些進展,以為之後進展可以很快,那個時候去剖感覺有點兒可惜了。」我為自己辯解。

「可是又過了半個小時,宮口還是沒有開全,沒有進展得那麼快啊。」

「是啊,那個時候我再決定手術的時候,已經沒有手術台了。」 我還感到有點兒委屈。

「不是手術台的問題，而是你之前的決策有問題。人工破膜的時候羊水Ⅲ度混濁，你是怎麼決定的？」

「我想可以短期試產，如果可以短期內宮口開全，那麼還是有陰道分娩的機會的。」

「短期內宮口開全。那麼當你再次檢查的時候有沒有開全呢？沒有！那你當時為什麼不馬上決定手術？那個時候可是有手術台的。」

「當時產程還是有進展，我覺得當時去剖有點兒可惜了。」

「羊水已混濁了，且產程進展沒有達到你理想情況，去手術有什麼可惜的？我想你其實不是覺得可惜，你是怕犯錯，你怕萬一這個人很快可以生出來，再去開刀就沒有指徵了！」徐子龍一句話點破我，我沒有再回答。

「做婦產科醫生，決定一定要果斷，不能怕出錯。之前要有預判，一旦出現情況，你作為醫生不能糾結。如果你猶豫了，可能機會就在你的猶豫中失去了，重要問題的果斷處理是產科醫生最起碼的能力。其實，後面的產程也有問題。宮口開全之後為什麼不拉產鉗？胎心已經那麼慢了，而且你評估過頭盆相稱，判斷有分娩條件，那為什麼還不快一點兒產鉗結束分娩？」

「呃，我當時確實沒有把握。」

這時候，徐子龍大概看到我的樣子有些可憐，好像突然意識到之前的語氣有些過於嚴肅了，於是語氣一下子緩和下來：「哦，你得對自己有信心嘛！其實，產鉗就是拼個膽兒，情況緊急的時候，只要你判斷能生得出來，就先果斷拉出來再説。」

「嗯，謝謝龍哥幫忙。」

「不用客氣。下次再遇到這樣的情況就知道了。醫生嘛，就是要多做，做得多了就有經驗了。」

● 不要迷信「神醫」，醫生都會犯錯

很多人以為只有「壞醫生」才會出差錯，「好醫生」都是對患者殫精竭慮、鞠躬盡瘁的，哪會犯錯？其實，正是因為「好醫生」殫精竭慮、鞠躬盡瘁，管得患者多了才更有機會犯錯。

每個醫生都會犯錯，但真正因為醫生犯錯而出現嚴重後果的情況卻沒有那麼多，因為人類還有很強的自身調節能力。很多時候，恐怕不是醫生治好了病，而是患者自己好了。醫生遠沒有想像中那麼大的本事，更多時候我們應該感謝人類幾十萬年的進化和對自然的適應能力。除了人體自身的調節，還有就是別人的幫助了。一個醫生的力量是有限的，當醫生們組成團隊的時候，一個醫生的個別失誤，就可能會被稀釋掉。比如前面提到的妊娠期急性脂肪肝的患者，我沒有判斷出來，但是所幸有我的二線醫生及時發現，才沒有發生嚴重結局。比如這個例子中，我的糾結險些釀成大禍，

幸好有龍哥出手和新生兒科醫生相助，寶寶才轉危為安。

可能很多人會以為醫生就是單打獨鬥的，像「扁鵲見蔡桓公」、「華佗刮骨療毒」，這些傳說中的神醫，都是可以憑一己之力扭轉生死的。但是，要提醒大家的是，神醫的重點不在「醫」，而在「神」。在我看來，那些神醫恐怕原本就是神仙，而「醫生」不過就是神仙下凡轉投人間的時候，做掩護的一個職業罷了。比如天蓬元帥比較慘，錯投了豬胎，變成了八戒的模樣；倘若他投了「醫胎」的話，就必定是個神醫了。所以，不要迷信神醫，世間也沒有神醫。神醫是神而不是醫，真正的醫生，總是會有力不從心的時候，也有犯錯誤的時候。

2003 年 2 月 1 日，美國哥倫比亞號太空梭失事，7 名太空人全部遇難。從調查報告中看，這次失事不是某一個方面的疏忽，而是從材料安裝到太空人準備，許多環節都出現了問題。當某一個問題單獨存在的時候，可能不一定釀成大禍；而當一連串的問題碰巧同時出現，恐怕悲劇就要隨之發生了。

都說「不怕神一樣的對手，就怕豬一樣的隊友」。不過，人好像都傾向於自負，好像總認為自己一直很神。有沒有想過，你可能就是別人眼裡豬一樣的隊友？除了上帝，沒人可以一直扮演神的角色。尤其作為婦產科醫生，要不斷提高自己的專業水準；但是，一個人的力量畢竟太小，婦產科是需要團隊合作的。

05

婦產科醫生的壓力

醫學是很依賴經驗的一門學科，在醫學院上解剖課的時候，學生們要向大體老師（屍體）默哀致敬，因為我們現在的知識，都是從這些前人身上獲得的。現在有名的醫生們，經驗豐富，技術精湛，但是在他們年輕的時候，肯定也會因為經驗和技術的限制，在一些患者身上犯錯誤。可以說，是那時候的患者，把他們的恩惠通過現在這些有名的醫生們傳遞給了現在的患者。同樣，現在的年輕醫生，比如我，也像前面寫到的那樣，會在患者身上犯錯。在上一篇中，因為我的糾結，險些釀成大禍，而這次的經歷，就成功地傳遞到了下一位患者的治療上。

● 面臨選擇，我進退兩難

那天一大早剛剛上班，夜班醫生就向我交班：「有個胎心減速、羊水混濁的患者，已經送到手術室了，術前談話簽字也已經簽好了。昨晚開了四台刀，還拉了一把產鉗，真是忙死了，手術你去幫忙做一下吧。」

雖然醫院規定，自己班上決定的手術要當班完成，但是，看著滿臉菜色的夜班醫生，聽著他的悲慘遭遇，我也不由得心生同情，於是就答應他了。

我正在更衣室換衣服呢，就接到麻醉醫生打來的電話：「手術是你來做嗎？

快過來看一下吧，患者宮口已經開全了。」

子宮頸口開全了？交班的時候沒說啊，我還以為就是個胎兒窘迫的手術呢，怎麼突然就宮口開全了？於是我趕緊換好衣服，跑進手術室。原來，這個患者和上次那個情況非常相似，都是活躍期產程停滯進行的人工破膜，然後發現羊水混濁。不過，這個患者很快出現了胎心減速，所以，夜班醫生也沒怎麼等，馬上就決定手術了，並且簽好了手術同意書。沒想到，這個患者破膜以後進展很快，手術室做好術前準備，正要打麻醉，她說自己想解大便了。手術室護士一查宮口，開全了！所以麻醉醫生就打電話讓我再做一次決定。

「你查看一下，如果決定手術，我馬上打麻醉，就聽你一句話了。」麻醉醫生說。

又要做決定了！我在眾人的矚目之下，查了宮口。確實已經開全了，而且，伴隨著產婦的用力屏氣，可以明顯地感受到胎頭向下的力量。我判斷，雖然之前發生過產程停滯，而且目前胎頭還偏高，但是頭盆是相稱的，產婦應該有陰道分娩的條件。

「怎麼樣，打不打麻醉？」麻醉醫生追問一句。 現在我面臨兩個選擇：要麼，繼續按照夜班的決定，做完這台剖腹產。但是，現在的情況和當時決定手術時的情況已經有所改變了。決定手術的時候，正是產程停滯、胎心減速的時候，有很強的剖腹產指徵；而現在，宮口已經開全了，再做手術，指徵就沒有之前那麼強了。而且，宮口開全手術，患者術中子宮頸損

傷、大出血、術後感染的風險都要升高。要麼，更改夜班的決定，取消手術，改為陰道分娩。以現在的情況，羊水混濁、胎心減速、宮口剛開全不久，要短時間結束分娩，只有產鉗助產。而現在第二產程時間還比較短，沒有經過充分擴張的會陰體，產鉗助產的話，發生會陰撕裂的風險也要升高。更麻煩的是，之前手術的談話簽字都已經簽好了，現在更改分娩方式，很容易讓患者家屬感覺醫生一會兒要手術一會兒又要拉產鉗，決定做得太草率，從而產生不信任感；如果再發生點兒併發症，甚至是我判斷失誤，產鉗壓根兒就拉不出來，那我就更麻煩了。

但是，婦產科醫生決定一定要果斷！

● 我更改了之前的分娩方式

「手術不做了，馬上送回分娩室，產鉗鋪台，我去跟家屬重新談話！」既然產婦有陰道分娩的條件，就應該幫她實現這次機會。這一次，我決定自己來頂這個壓力。

產婦被送回分娩室，我來到手術室門口找到了產婦的家屬。

「剛查了一下子宮口，現在已經開全了，應該有機會可以自己生了。」我向產婦老公交代病情。

「又可以自己生了？之前那個醫生說生不出來，而且寶寶已經缺氧了，要趕緊手術啊。」果然，產婦的老公充滿了疑惑。

「是的，之前產程是停滯了，而且發生了胎心減速，所以當時醫生判斷需要做手術。但是，在做了人工破膜之後，產程一下進展了，而且進展很快，現在已經宮口開全，又有機會生了。」因為時間緊迫，我也只能這麼簡單地向產婦老公解釋了。

「那麼寶寶的缺氧情況呢？」

「這個仍然存在，所以，雖然不做手術了，但也需要儘快地結束分娩。所以，我們建議馬上進行產鉗助產。」

「產鉗？這又是什麼？不是說可以自己生了嗎，怎麼又產鉗了？」

顯然，作為一個產婦的家屬，這些突如其來的資訊讓他感到有些不知所措。

「產鉗就是兩片鉗子，像頭盔一樣罩在寶寶腦袋上，然後把他拉出來。這是現在可以最快速度結束分娩的方法了，而且技術已經相當成熟，我本人就是被產鉗拉出來的。」我需要用最短的時間，先打消他對產鉗的顧慮。雖然我也知道，作為醫生不能老拿自己的經歷來說事，但危急之中就顧不得了。

「哦，那有什麼影響嗎？」他心裡顯然還不踏實。

「對於產婦來說，可能會增加會陰嚴重撕裂的風險，甚至會損傷到肛門括約肌，影響大便。我們會儘量減少這種情況的發生的。」實在沒有太多的時間解釋，相關併發症也就只能說這些了。

看著我回答得也很緊迫，產婦老公就沒有再繼續問下去：「好吧，醫生，拜託你了，謝謝！」

● 壓力最大的一次產鉗助產

本來，醫生的各種醫療操作，應該向患者和家屬詳細介紹相關風險利弊，但是，在情況緊急的時候，又哪有那麼充足的時間解釋那麼多呢？而家屬在知情理解方面的欠缺，恰恰又會為日後的矛盾糾紛埋下隱患。現在，我已經顧不上這許多了，簡單地簽過字之後，我趕往分娩室。

這是我壓力最大的一次產鉗。我更改了之前的分娩方式，也沒有充足時間向產婦家屬交代情況；而且，第二產程時間不長，胎頭位置還有些偏高。但是，我相信，我可以拉得出來。

側切、上鉗、扣合。雖然感覺很重，但是如我所料，我還是能拉得動的。

終於，寶寶出來了，而且，哭聲嘹亮！然後不等胎盤娩出，我趕緊檢查了會陰情況，沒有裂傷。

「Perfect ！」我抑制不住內心的激動，終於吼了出來。

「呵呵，不錯不錯。」在旁邊圍觀的助產士也禮貌地表示了贊同，但是她們不知道，我此刻所承受的壓力。

當我縫合結束，再次去產房門口向產婦老公介紹情況的時候，他突然後退一步，向我深深地鞠了一躬：「謝謝醫生！」

這一刻，我感覺我所做的一切都是值得的！

後來，霍主任查房查到這個患者，看到醫囑單上取消手術的醫囑，對我說：「你取消手術，更改分娩方式了？」

「是的，我覺得應該還是有陰道分娩機會的。」

「嗯，壓力不小吧？」霍主任沒有抬頭看我，還是繼續瀏覽著病歷，輕描淡寫地問了一句。

「嘿嘿。」 突然他又像發現了什麼：「胎頭好像還比較高啊，膽子也大起來了嘛！」

「以前龍哥帶我拉過一個類似的。」

「嗯，不錯。」霍主任沒有再說什麼。

● 醫生其實是個理性的賭徒

在決策論中有一個著名的埃爾斯伯格悖論，它表明人們是有「模糊厭惡」的。就是說，人們厭惡不確定性，在熟悉的和不熟悉的事情之間，人們更

喜歡熟悉的那個。這種「模糊厭惡」，實際上就是人們對於未知的恐懼。

而對於醫生來說，你不但不能「模糊厭惡」，你還要面對它、解決它，面對未知，給出你的決定。醫生在醫療的過程中，不得不隨時對未來做出預判。而對於婦產科醫生來說，分娩時產程中的各種變化，更是難以預測。但是，作為婦產科醫生，你卻不能猶豫、不能糾結，因為當你在害怕犯錯的矛盾心情中糾結時，錯誤其實已經悄悄降臨了——你可能錯失了時機！

雖然醫學技術比過去有了很大發展，但是，即使是掌握了醫學知識的醫生，也沒有辦法準確地預知未來。醫生的壓力，很大程度上正是源於這種可怕的不確定性。就好像和人打賭拋硬幣，字朝上自己贏，花朝上對方贏。不管你掌握了怎樣的技術，把握有多大，都不能完全保證哪一面朝上。這時候你在賭博時所承受的壓力，是和你賭注大小相關的。比如說，如果賭注是 100 塊錢，即使你什麼技巧都沒有，只有 50% 的把握，也敢毫無壓力地去賭一把，大不了輸 100 塊錢嘛！

但是，如果賭注是 100 萬呢？你不在硬幣上做點兒手腳，把握性大一點兒，估計你是不敢下注的。如果賭注是 1000 萬呢？就算你在硬幣上做過手腳了，只要沒有十足的把握，賭的時候你還是會非常緊張，壓力倍增。

現在，如果賭注是一條人命呢？對於婦產科醫生而言，如果賭注是兩條人命呢？在某些賭注面前，不管你把握有多大，只要不是 100%，你都得承受巨大的壓力。儘管如此，婦產科醫生在做決定的時候，也還是一定要果斷，不能怕出錯！

附錄：相關醫學知識索引

後記

上中學的時候，我爸一直都希望我能學醫，做個醫生。但都被我明確拒絕了，第一，我不感興趣，我喜歡數學、物理這些基礎科學；第二，醫學要動刀見血，太噁心太可怕，我做不了。

高三那個冬天，我媽被查出來得了胃癌。手術前一天，我媽坐在我身邊摟著我，告訴我她明天要去開刀了，然後像留遺言一樣和我說了很多話。她說本來很緊張的，都說出來了，就不怕了，明天就去開刀！那天晚上，我覺得恐懼極了，睡不著覺，躲在被子裡哭，哭著哭著睡著了，醒了再哭——我真的害怕失去媽媽。直到我媽做完手術，我才發現，原來我對她得的病、她要面臨的各種情況、我該做些什麼，都一無所知。於是我和一哥們兒跑到書店裡，打算買點兒相關的書看看，我媽到底出了什麼問題，我到底能做些什麼？

結果很遺憾，書店裡的書，那些有可能幫我解決問題的書，都太專業了，我和我的哥們兒根本看不懂！

就在那一刻，我決定了，將來我得學醫，我媽要有人照顧，要有能看懂那些書的人照顧，所以我得學醫。所以，我選擇做醫生，是很突然的，而且完全沒有懸壺濟世、救死扶傷這樣崇高的目的。

後來，因為陰差陽錯、機緣巧合，本來想做腫瘤科醫生的我，最終做了婦產科醫生。在工作中，遇到過太多的患者，她們像學醫前的我一樣，對一般的醫學常識不瞭解，或者有些根深蒂固的錯誤觀念，非常不利於醫患溝通。所以，2011 年，我開始在「知乎網」上做與醫學相關的科普回答，希望能通過我的回答，讓更多的人瞭解一些醫學常識。

因為醫學的專業性太強了，從而使醫患間的資訊嚴重不對等，人們得了病都不希望被敷衍。所以說，大眾對於這種醫學科普工作的需求度還是很高的。但是，很多醫生怕的是，非醫學專業的人，看了一些科普的東西，就自以為是，從而不願意接受醫生的指導，降低了依從性，反而不利於醫患溝通。我覺得這要從兩個方面來說。

一方面，在醫學科普書裡，應該反覆強調醫學的局限性，接受專業醫生指導和建立良好醫患信任的重要性。應該讓讀者明白，如果真的得了病，不是說通過看一兩本醫學科普書就可以自醫的，即使是醫生得了病，也是要去醫院找專科醫生就診。而且醫學是在不斷發展的，很多地方充滿了爭議，不能因為一兩本科普書上的說法而降低對專業醫生建議的依從性。

另一方面，好的醫學科普書也是有助於醫生加強自己的專科業務修養的。有些地方可能是因為醫生本身專業知識的不扎實，自己就沒弄清楚，如果患者不瞭解，真的是敷衍兩句就過去了；但是如果患者有了初步的認識，確實就不那麼容易被敷衍了，這有助於醫療品質的提高。

所以，當有編輯聯繫我，讓我寫一寫和孕產相關的事情，講一講孕婦遇到情況自己應該怎麼處理的時候，我就答應了下來。但是，需要強調的是，孕期遇到情況，對於非專業人士來講，不要自己想當然去處理，能去醫院就去醫院。和從科普書上看來的一知半解相比，專業婦產科醫生的幫助更可靠。所以，我在書中刻意不介紹相關疾病的治療和處理，或者只是簡單帶過，因為那都是醫生的工作；而重點強調一些比較重要，但又可能會被忽視的臨床表現──對於孕婦來說，知道自己可以做什麼，比企圖代替醫生做什麼更重要。就好像本書中提到的關於胎心音監視器，孕婦不必學會怎麼看胎心監護圖，甚至不建議孕婦自己在家聽胎心。但是，你得知道要注意胎動變化，自己是可以通過關注胎動變化來自我監護的。

科普書的寫作，我覺得重點在「普及」，像我高中時候去書店翻看的那些專業書籍，科學是科學，但是我看不下去，更看不懂，那麼這些書對於普通大眾來說就沒什麼用處。所以，我得保證本書能讓沒有醫學基礎的人看得下去。而給孕產婦看的書，又和普通的科普書籍不一樣，因為作為女性讀者，孕產婦們又有些小特殊。

我老婆告訴我，女人的問題可能不一定就是為了最後的解決辦法，就好像她們逛街不一定就是為了最終買到衣服一樣，她們只是在享受逛的過程，可能隨時會被什麼東西吸引著改變了注意力。所以，如果你把男人逛超市的路線畫出來，會發現那是一條直線，他們到了超市是直奔目標；而女人的路線則是一團亂麻，她們在到處逛。懷了孕也一樣，姐妹淘們就一個問

題討論，各自說出自己的經歷，給出自己的建議，談著談著可能就會離題，可能最終也沒解決問題，但是，談的過程會很爽！另外，人懷了孕以後會犯懶，懶得動腦筋想東西，所以你的書不能看著太累。

於是，就有了擺在你面前的這本書。書裡關於醫學知識的科普可能不是那麼系統全面，孕產知識也沒有面面俱到，更多的可能是工作中遇到的一些病例，是些故事。這些故事，除了人名是化名，事情可都是現實中真實發生過的。希望在讀這些故事的過程中，您可以體會到和姐妹淘們討論時的暢快感，希望我真的可以像在序言中說的那樣，扮演好「她們」的角色。

希望您會喜歡！